中国农业科学院科技创新工程

（10-IAED-08-2024、10-IAED-RC-04-2024）

玉米机械收获技术变迁及农户采用影响机制研究

王秀东 薛 平 ◎著

Research on the Changes of
MAIZE MECHANICAL
Harvesting Technology and the Influence
Mechanism of Farmers' Adoption

中国财经出版传媒集团

经济科学出版社
Economic Science Press
·北京·

图书在版编目（CIP）数据

玉米机械收获技术变迁及农户采用影响机制研究／
王秀东，薛平著．－－北京：经济科学出版社，2024.8.
ISBN 978－7－5218－6254－6

Ⅰ．S225.5

中国国家版本馆 CIP 数据核字第 2024M51N74 号

责任编辑：初少磊　尹雪晶
责任校对：刘　娅
责任印制：范　艳

玉米机械收获技术变迁及农户采用影响机制研究

YUMI JIXIE SHOUHUO JISHU BIANQIAN JI NONGHU CAIYONG
YINGXIANG JIZHI YANJIU

王秀东　薛　平　著

经济科学出版社出版、发行　新华书店经销
社址：北京市海淀区阜成路甲 28 号　邮编：100142
总编部电话：010－88191217　发行部电话：010－88191522
网址：www.esp.com.cn
电子邮箱：esp@esp.com.cn
天猫网店：经济科学出版社旗舰店
网址：http://jjkxcbs.tmall.com
北京季蜂印刷有限公司印装
710×1000　16 开　12.75 印张　178000 字
2024 年 8 月第 1 版　2024 年 8 月第 1 次印刷
ISBN 978－7－5218－6254－6　定价：55.00 元
（图书出现印装问题，本社负责调换。电话：010－88191545）
（版权所有　侵权必究　打击盗版　举报热线：010－88191661
QQ：2242791300　营销中心电话：010－88191537
电子邮箱：dbts@esp.com.cn）

　　我国农业正处于由传统农业向现代农业转型的关键时期，已由资本和要素驱动型转向技术驱动型。推动农业技术发生变迁，进而引发农业产业变革已成为实现传统农业向现代农业转型的重要途径。当前，我国玉米产业机械收获技术由穗收向粒收变迁进程仍较为缓慢，而穗收技术存在玉米收获后晾晒霉变率高、霉变与鼠害等损耗率高、劳动力投入大及运输成本高等问题，从而导致我国玉米产业生产成本高、种植效益低、玉米品质低及国际竞争力弱。因此，加快推动玉米产业机械收获技术由穗收向粒收变迁已成为减少玉米收获损失、降低生产成本及提高收获效率的必要途径，对于打通玉米产业全程机械化及高质高效发展"最后一公里"具有重要意义。

　　本书基于创新扩散理论、诱致性技术变迁理论及农户行为理论，采用规范分析法、实证分析法、案例研究法相结合的方法，运用河北、辽宁、黑龙江和山东4省521户农户实地调研数据，对玉米机械收获技术变迁及农户采用影响机制展开了研究。首先梳理了玉米机械收获技术特征及变迁历程；其次探究了农户玉米机械收获技术采用的影响因素；再次分析了农户玉米机械收获技术采用的影响机制；从次评价了农户玉米机械收获技术采用的经济效应；最后基于河北省成安县玉米机械收获技术变迁案例分析，探索了技术变迁的可行路径。

本书的主要研究结论如下：（1）我国玉米穗收技术至20世纪90年代才得以大范围推广应用，而粒收技术在近十年才得以推广应用，但至今应用率仍处于较低水平。（2）通过分析影响农户玉米机械收获技术采用因素发现，技术认知能显著促进农户技术采用意愿与行为，但仅对技术有基本认知仍不足以推动农户技术采用意愿向行为转化，仍需强化农户对技术特征及效果认知；宜粒收品种配套及同伴效应均对农户技术采用意愿与行为产生显著正向影响。（3）同伴效应在技术特征与效果认知影响农户粒收技术采用行为中具有显著的调节效应，本村有其他农户采用粒收技术时，技术特征及效果认知对农户技术采用行为影响边际效应分别为14.0%、7.4%，均高于本村无其他农户采用粒收技术的边际效应3.7%、1.0%；农户选择宜粒收品种在同伴效应对农户粒收技术采用行为影响中具有部分中介效应，通过计算得出同伴效应对农户粒收技术采用行为影响中有34.2%来自宜粒收品种选择的推动。（4）通过农户玉米机械收获技术采用的经济效应评价发现，农户采用粒收技术显著提高了玉米种植技术效率、亩均净收益、单产；显著减少了亩均投入成本及销售价格。该项技术在农户应用中已具有较好的经济效应，有利于玉米生产降本增效。（5）通过对河北省成安县玉米机收技术变迁案例分析得出，公益性农技推广机构与市场性农技服务主体有机结合在推动技术变迁中发挥了重要作用。其中，公益性农技推广机构在技术引进阶段起主导作用；农业合作社等新型农业经营主体是推动技术变迁的关键力量，该类主体通过与农户建立的良好利益联结机制加速了农户向粒收技术变迁，在创新扩散过程中充分发挥了同伴效应。

基于以上研究结论提出以下政策建议：（1）注重玉米粒收技术研

发与改进，打通玉米产业全程机械化及高质高效发展"最后一公里"。（2）加快宜粒收品种的筛选与培育，提高技术适用性及效果。（3）做好玉米粒收技术宣传与推广，提高农户技术认知深度与广度。（4）发挥以农业合作社为代表的新型农业经营主体作用，带动农户发生技术变迁。

目录 Contents

第1章

绪　论

▶ 1.1　研究背景

　　我国农业正处于由传统农业向现代农业转型的关键时期,已由资本和要素驱动型转向技术驱动型,推动农业技术发生变迁,进而引发农业产业变革已成为实现传统农业向现代农业转型的重要途径(刁怀宏,2001;陈锡文,2018)。"十三五"时期以来,我国农业科技水平不断提高,农业科技进步贡献率已超 60.0%,为全面推进农业农村现代化提供了重要支撑。① 农业机械化取得了长足的发展,农作物耕种收综合机械化率达到71.3%②,农业机械投入水平不断提高,农业机械总动力投入由2010 年的92780.5 万千瓦增长到2021 年的107768.0 万千瓦,增长了16.2%;农业大中型拖拉机投入数量也不断增多,由2010 年的392.2 万

---

　　①　国务院新闻办发布会介绍"十三五"时期农业农村发展主要成就有关情况［EB/OL］.(2020 – 10 – 27). http://www.gov.cn/xinwen/2020 – 10/27/content_5555058.htm.

　　②　农业机械化管理司.加快推进农业机械化向高质量发展迈进——农业农村部农业机械化管理司负责人就《"十四五"全国农业机械化发展规划》答记者问［EB/OL］.(2022 – 01 – 05). http://www.njhs.moa.gov.cn/zcjd1/202201/t20220105_6386355.htm.

台增长到 2021 年的 498.1 万台，增长了 27.0%，为我国农业生产效率和粮食生产能力的提高做足了科技支撑。① 但现阶段我国农业技术变迁进程较为缓慢，未能有效提高土地产出率、劳动生产率、资源利用率及市场竞争力，农业产业发展动力略显不足（黄祖辉，2021）。此外，我国农业发展已到了新旧动能转换的全面推进期，在有限的耕地资源和水资源双重约束下，仅依赖于传统农业的资源要素开发利用来获取产出增长的粗放经营方式已不适应于农业现代化发展趋势（钟钰，2018）。因此，推动农业技术发生变迁，促进农业实现转型升级与提质增效对推进农业现代化发展尤为重要。

玉米作为重要的谷物品种之一，具有食用、饲用、加工等多种用途，在保障粮食安全中占据重要地位（Silva et al.，2018；Tanumihardjo et al.，2020；Ablimit et al.，2022）。国家统计局公布数据显示，近年来我国玉米产量连续增长，由 2010 年的 19075.2 万吨增长到 2022 年的 27720.0 万吨，增长了 45.3%；玉米播种面积也保持增长趋势，由 2010 年的 3497.7 万公顷增长到 2022 年的 4307.0 万公顷，增长了 23.1%；玉米单产由 2010 年的 5453.7 千克/公顷增长到 2022 年的 6436.0 千克/公顷，增长了 18.0%，这均为保障我国粮食安全作出了重要贡献。然而，随着我国居民食物消费结构持续升级，由以谷物和蔬菜为主、动物产品为辅向肉类、禽类等动物产品为主、谷物和蔬菜为辅的饮食结构转变（Wang et al.，1993；Gao et al.，2020），导致肉禽、蛋、奶等产品消费需求不断增加（杜志雄等，2020），引致饲料粮需求大幅增加，需求拉动下我国玉米供需缺口将不断增大，进口增长压力将不断增加（黄季焜等，2019；仇焕广等，2021）。而且，国内外玉米价格倒挂也进一步刺激了进口，国内玉米竞争优势不断下降（程百川，2016）。此外，我国玉米单产水平远低于美国、阿根廷等玉米生产大国，联合国粮农组织（FAO）在 2021 年公布的数据显示，我国玉米单产为 6291.2 千克/公顷，比阿根廷的 7429.6 千

---

① 资料来源：国家统计局。

克/公顷低 1138.4 千克/公顷；而与美国相比差距更大，2021 年美国玉米单产为 11110.9 千克/公顷，比我国玉米单产高出 4819.7 千克/公顷，低单产导致我国玉米供给能力较弱，玉米种植收益较低等问题。以上问题究其本质是国内玉米生产成本高、单产低及品质低（杜志雄和韩磊，2020），亟待推动技术发生变迁来推动玉米产业高质高效发展。

机械收获技术（以下简称机收技术）变迁缓慢已成为我国玉米产业发展的一大难题。一方面我国玉米耕种收综合机械化水平虽已达 90.0%以上，但收获环节机械化水平仍然较低，玉米收获机械化率为 79.0%，与我国水稻、小麦 94.0%、98.0%的机收率仍存在较大差距①，已成为玉米产业实现全程机械化及高质高效发展的重点与难点（Yang et al.，2016；李少昆等，2017b）；另一方面我国玉米产业实现高质高效发展仍需大力发展密植高产全程机械化技术体系，这已成为我国玉米产业转型升级的关键措施与发展趋势（李少昆等，2009；明博等，2017）。然而，玉米种植密度的提高必将给农户带来收获压力，增加农户劳动与成本投入，仅依赖于传统的机械穗收技术（以下简称穗收技术）难以缓解玉米密植发展带来的收获压力，需与机械粒收技术（以下简称粒收技术）有机融合，以推动传统玉米生产方式变革（李少昆等，2016）。此外，中共中央办公厅、国务院办公厅印发的《粮食节约行动方案》强调，减少田间地头收获损耗。着力推进粮食精细收获，强化农机、农艺、品种集成配套，并指出通过改善粮食产后烘干条件来减少粮食储存损失。实现玉米收获贮存环节减损也需要推动玉米机收技术变迁，以解决穗收技术作业环节多及贮存霉变、鼠害等损失问题。当前，我国玉米收获已处于由穗收向粒收技术变迁的关键阶段（崔涛等，2019），而就实际情况来看，收获环节仍以穗收技术为主、人工收获为辅，其中，穗收机械作业面积占全部收获面积的 70.0%以上，粒收机械作业面积占比不足 10.0%（Xie et al.，2022）。就收获工序而言，人工收获与穗收在收获后仍需晾晒、脱

---

① 农业机械化管理司. 常抓不懈推进粮食作物收获机械减损［EB/OL］. (2021-11-09). http://www.njhs.moa.gov.cn/gzdt/202111/t20211109_6381768.htm.

粒、贮存及运输等多道工序，存在晾晒霉变率高、粮食损耗率高、劳动力投入大、运输成本高等问题，成为我国玉米产业生产成本高、种植效益低、玉米品质低及国际竞争力弱的关键诱因。而粒收技术得益于一次性完成玉米的摘穗、剥皮、脱粒及秸秆粉碎等作业工序优势，具有节本增效提质等技术优势。推动玉米收获向粒收技术变迁是推动玉米产业转型升级与提质增效，增强玉米产业国际竞争力的必经途径（柴宗文等，2017；李少昆，2017a）。

农业技术扩散是推动农业技术变迁的重要途径，其最终结果是被更大范围、更多农业经营主体采用（刘笑明等，2006）。基于我国大国小农的基本国情、农情，农户仍是我国农业生产的重要主体。据第三次全国农业普查数据，截至 2016 年底，全国小农户数量约有 2.03 亿户，占各类农业经营主体总数的 98.1%。[①] 以上数据表明农户经营的基本形式仍将长期存续，该类主体对我国农业发展起到了重要的决定作用，其对新型农业技术的采用水平决定了农业技术变迁进程。然而，对于玉米收获这一费时费工的作业环节，加之农村劳动力转移背景下的劳动力短缺及成本上升，在穗收与粒收机械技术本身均已较为成熟背景下，理论上讲，农户收获技术选择在不受两项技术本身的成熟度影响下，将更倾向于选择具有省时省工等特征的粒收技术，然而现实情况却是截然相反，农户更倾向于选择费时费工的穗收技术来完成玉米收获，且目前我国玉米收获技术使用情况也展示出穗收仍为收获的主导技术。这显然与农户生产行为决策的"理性"属性相悖（舒尔茨，1987），这可能是因为我国广大农户实际应用这两项技术所获得的经济效应存在差异。此外，由于粒收技术作为一项新的收获技术，扩散范围较小、采用率低，农户并不能确定该项技术所带来的实际经济效应，这可能会制约其发生技术变迁。

基于以上背景，本书立足我国玉米穗收技术已经得到全面推广，但其技术存在作业环节多及贮存霉变、鼠害等损失多等问题，而粒收技术

---

① 国家统计局. 第三次全国农业普查主要数据公报 [EB/OL]. http：//www.stats.gov.cn/tjsj/tjgb/nypcgb/qypcgb/.

具有节本增效等特点，是打通玉米产业全程机械化及高质高效发展"最后一公里"的关键技术，但其应用率仍然偏低的现实情境，对玉米机收技术变迁及农户采用影响机制展开研究。由于穗收技术在我国基本上已实现全面应用，故玉米机收技术变迁主要关注农户采用粒收技术过程中存在的相关问题，而穗收技术主要作为参照组。研究主要致力解决以下问题：玉米机收技术变迁的实际历程如何？农户玉米机收技术采用的影响因素与机制有哪些？农户玉米机收技术采用的实际经济效应如何？推动玉米机收技术变迁有哪些可行的路径？等等。本书符合农业发展亟须"农业技术变迁和农业产业变革"的政策需求，对于实现玉米产业全程机械化，推动玉米产业转型升级与提质增效，保障国家粮食安全具有重要理论意义，同时为其他粮食产业的农业技术变迁提供理论与现实参考依据。

1.2 研究目的与意义

1.2.1 研究目的

本书以玉米收获由穗收向粒收技术变迁为研究主题，在梳理玉米机收技术变迁历程基础上，探究农户玉米机收技术采用的影响因素与机制；然后评价农户玉米机收技术采用的经济效应；并结合实际案例探索玉米机收技术变迁的可行路径，以期推动我国玉米机收技术变迁。具体研究目的如下：

（1）在总体描述玉米机收技术起源与发展基础上，梳理我国玉米机收技术发展的历程，并通过梳理美国玉米机收技术变迁历程为推动我国技术变迁提供经验借鉴。

（2）依据农户行为理论，构建农户"技术认知—采用意愿—采用行为"分析框架，对农户玉米机收技术采用意愿与行为的主要影响因素进行系统分析，并讨论农户向粒收技术变迁过程中其采用意愿与行为出现偏差的主要因素。

（3）在分析农户技术采用影响因素基础上，检验农户技术采用的主要机制。一方面，检验同伴效应在技术认知对农户技术采用影响中的调节效应；另一方面，检验宜粒收品种选择在同伴效应影响农户技术采用中的中介效应。

（4）在分析农户玉米机收技术采用影响因素与机制基础上，对农户技术采用的经济效应进行评价，以明晰我国农户玉米机收技术采用的实际效应。

（5）基于在河北省成安县调研的典型案例，分析公益性农技推广机构与市场性农技服务主体推动农户玉米机收技术变迁的核心逻辑，探讨可行的技术变迁路径。

1.2.2 研究意义

在我国玉米产业生产成本高、种植效益低、玉米品质低及国际竞争力弱等背景下，推动玉米收获由穗收向粒收技术变迁，探寻技术变迁中影响农户技术采用的主要因素与机制，评价农户技术采用的经济效应，并探索玉米机收技术变迁的路径，对于实现玉米全程机械化，提高玉米生产能力与国际竞争力，实现玉米产业转型升级与提质增效具有重要意义，同时也有利于为其他粮食作物关键技术变迁提供参考依据。

1. 理论意义

农业技术变迁作为农业发展的重要支撑，技术变迁相关问题已受到学术界的广泛关注。本书基于农户行为理论、诱致性技术变迁理论及创新扩散理论，构建"变迁历程—农户技术采用影响因素—影响机制—经济效应—变迁路径"研究理论框架，对推动玉米机收技术变迁具有重要理论意义。具体而言，一方面，本书充分考虑了农业技术的变迁特征，在实证分析农户技术采用的影响因素与机制及经济效应时，纳入了穗收与粒收两项可替代技术的对比特征，改善已有农业技术研究领域仅关注单一技术、缺乏可替代技术对比研究的不足；另一方面，构建了农户行为研究的"技术认知—采用意愿—采用行为"的理论分析框架，衡量了农户向新技术变迁过程中由认知到采用意愿及行为转化的决策过程，从而掌握农户技术变迁中的行为决策逻辑。

2. 现实意义

本书以玉米机收技术变迁及农户采用影响机制为研究主题，符合我国农业技术亟待发生变迁的现实情境。通过探索农户向粒收技术变迁过程中技术采用的主要影响因素，有利于找出推动农户发生技术变迁的关键因素；并以农业技术扩散过程中的同伴效应与宜粒收品种配套为切入点，探究了农户向粒收技术变迁过程中技术采用的主要机制。此外，通过案例分析探索了以公益性农技推广机构与市场性农技服务主体结合的玉米机收技术变迁可行路径，有利于推动农户向粒收技术变迁，从而为解决玉米产业全程机械化及高质高效发展"最后一公里"问题，推动玉米产业转型升级与提质增效，同时也能为其他粮食产业关键技术变迁提供现实依据。

1.3 国内外研究综述

1.3.1 关于农户农业技术采用行为影响因素的研究

农户作为农业生产经营的重要主体，其农业技术采用行为一直是学术界关注的重点问题。对人类行为研究较早可追溯到费什拜因等（Fishbein et al.，1975）提出的理性行为理论，该理论由个体的行为出发，假设个体是理性的，在作出行为决策前会综合考虑各种信息及行为的意义与后果，指出个体的行为意愿将直接决定其行为决策，而个体的行为意愿又会受到行为的主观规范及态度两个因素共同决定。阿岑（Ajzen，1991）在理性行为理论基础上提出了计划行为理论，该理论考虑到个体的行为并不完全由自身意愿所影响，还会受到知觉行为控制的影响，即个体的主观规范、行为意愿及知觉行为控制是决定个体行为的关键因素。在以上因素对行为作用方式上，行为意愿直接决定个体的行为，行为意愿又由行为态度、主观规范及知觉行为控制决定。该理论由于进一步改进和完善了理性行为理论，提供了个体行为较完整的理论分析框架，已被学者们广泛应用到农户技术采用行为研究之中。如许朗等（2020）基于计划行为理论分析了农户节水灌溉技术采用意愿与行为背离的影响机制；齐琦等（2020）以计划行为理论为基础分析了农户风险感知对施药行为的影响。也有学者将农户感知、意愿及行为三者之间的关系，指出农户行为遵循"感知—行为意愿—行为决策"的逻辑（李明月等，2020）。

除对个体感知与意愿等对行为决策影响之外，学术界也从个体决策的目标出发，基于利润或效用最大化理论分析了个体行为。该方面研究围绕农户理性假设展开，如以舒尔茨和波普金为代表的理性小农学派认为农户的行为是具有理性的，是以追求最大利益而作出合理生产决策的理性经济人（Popkin，1980；舒尔茨，1987）。以恰亚诺夫和斯科特等为代表的道义小农学派则认为农户行为是以规避风险与安全第一的生存规则为基本准则，其行为的最终目的是满足家庭消费需求，即遵循"家庭效用"最大化原则（恰亚诺夫，1996；斯科特，2001）。以上理论共性在于农户在追求利润或效用最大化过程中是理性的。基于以上理论，学术界基于农户行为决策以利润或效用最大化为依据展开了农户技术采用行为研究。喻永红等（2006）以农户以追求效用最大化为目标，构建了效益—成本的边际分析框架，即农户在面临技术选择时，会通过比较不同技术应用的效益和成本来决定最终的技术采用行为。此外，有学者在考虑利润最大化基础上，将风险纳入农户行为分析，如于等（Yu et al.，2020a）指出农户在作出生产决策时会考虑将生产风险最小化，采用新型农业技术时存在的收益不确定性及技术使用不当等带来的风险将会影响农户行为。

农业技术采用的影响因素方面，已有研究较为丰富，主要包括农户自身禀赋如性别、年龄、受教育程度、非农就业等（孔祥智等，2004；邓鑫等，2019），农业经营情况如土地经营规模、地况、流转情况等（Gin et al.，2009；霍瑜等，2016；彭继权等，2019；王全忠等，2019），信息获取情况如互联网（Sampson et al.，2019；Mastenbroek et al.，2020），社会网络（马千惠等，2022），农业技术支持如技术配套设施、补贴支持政策、农业生产性服务等（Ricker–Gilbert et al.，2015；朱萌等，2015），农户组织化程度如加入农业合作社、龙头企业等（吴比等，2016），农村金融保险（陈径天等，2018；Manda et al.，2020），其他因素如自然气候（Asfaw et al.，2016）。

（1）自身禀赋对农户技术采用影响相关研究。农户作为农业技术的采用者，其自身特征如性别、年龄、受教育程度、非农就业等特征对技术采用具有重要的影响。在农户性别方面，性别差异是影响农户技术采用的重要因素。如道斯等（Doss et al.，2001）分析了加纳男性与女性户主在改良玉米品种和化学肥料采用上的差异，指出女性户主相比于男性户主更少地采用新技术，原因可能在于女性户主相比于男性户主在获取劳动力、土地及技术推广服务方面存在弱势。在农户年龄方面，部分学者认为老龄农户对新技术认知能力较弱，技术采用意愿整体偏低，导致技术采用程度较低（杨志海，2018）；也有学者认为老年农户在自身劳动能力下降的情况下可能会选择采用农业机械化服务来替代劳动投入，以此来获取机械技术维持农业生产（唐林等，2021）。在农户受教育程度方面，已有研究主要认为农户教育水平越高，其对技术的认知与接受程度越高，将会更倾向于采用新技术（Huffman，1974；Weir，1999）。非农就业对农户技术采用影响受到了学术界的广泛关注，曹慧等（2019）指出农村劳动力非农就业趋势下导致的劳动力稀缺会促进农户选择劳动力节约型技术，减少对劳动密集型技术选择，以确保农业生产不受劳动力减少影响；而非农就业带来的收入增长将降低农户对农业生产的依赖，从而影响其技术选择行为。也有学者将农户政治身份特征纳入技术采用影响因素分析之中。如薛彩霞（2022）基于身份经济学理论，探讨了农户党员及村干部身份对绿色生产技术采用影响，研究表明党员和村干部身份农户对技术采用发挥了带头效应，且能带动其他非政治身份农户采用技术。技术培训情况也被纳入对农户技术采用的影响研究之中，研究主要认为培训能促进农户技术采用（Liu et al.，2019）。

（2）农业经营情况对农户技术采用影响相关研究。一是探讨了农地经营规模对农户技术采用的影响，该方面研究普遍认为经营规模扩张促进了农户技术采用。如胡等（Hu et al.，2019）采用多元 Probit 模型实证分析了农户土地经营规模对技术采用影响，研究表明经营规模越大的农户越愿意采用新的技术，而且会花费更多的时间去获取相关的技术知识；也有研究认为经营规模和农户技术采用不存在严格的正相关关系。如刘乐等（2017）认为经营规模与农户采用秸秆还田技术存在稳健的倒"U"型关系。二是土地地况对技术采用影响，如张振等（2020）分析了经营规模、土地细碎化程度和质量对农户测土配方施肥技术采用的影响，发现土地经营规模较大和农地质量较好的农户更倾向于采用该技术，而土地细碎化程度则对技术采用产生抑制作用。三是土地流转对农户技术采用影响，如蔡键等（2016）实证分析了土地流转对农户玉米收获机械技术采用的影响，并选择地权稳定性和农地存量作为土地流入和机械技术采用行为间的居间变量，结果表明在不考虑居间变量时，土地转入对农户采用机械技术无显著影响，而存在居间变量时则有显著影响。

（3）信息获取渠道对农户技术采用影响相关研究。农户作为农业生产的弱势群体，在农业新技术获取方面存在着信息获取不畅、信息不对称等弱势。已有研究据此探究了信息获取对技术采用影响。一是关注互联网等信息传播媒介对农户技术采用影响。姜维军等（2021）探究了农户使用互联网对其主动采用秸秆还田技术的影响，研究发现互联网使用能直接促进农户主动采用秸秆还田技术，主要通过提高预期生态收益来间接影响农户的主动采用行为。二是关注农技推广组织与机构等对农户技术采用影响。刘可等（2020）指出农技推广可以通过知识性传播与利益诱导宣传来提高农户对技术的认知，从而促进农户技术采用。佟大建等（2018）则探究了公共农技推广对农户技术采用影响，研究发现基层农技推广能提升农户的技术采用，且对不同经营规模农户影响存在差异。

（4）社会网络对农户技术采用影响相关研究。社会嵌入理论指出个体在作出行为决策时会受到所嵌入的社会关系网络所影响。对于我国农村所特有的地缘与亲缘型农村，社会网络对农户生产决策行为产生了重要影响（王格玲等，2015；吕杰等，2021）。社会网络作为农业技术扩散的重要渠道，可以帮助农户获取更多的技术信息，缓解信息不对称对农户技术采用的抑制作用，增强农户对技术的认知与学习，在促进技术在农户间传播起到了重要作用（Maertens et al.，2012；Maertens，2017）。一项新技术一般是通过社会网络开始进行推介与扩散，如农户周边的熟人关系网络（姚辉等，2021）。吉纽斯等（Genius et al.，2014）进一步指出了社会网络与农户技术采用之间的作用途径，即农户通过与社会网络中的其他农户间的互动、互惠、学习和信任影响其新技术采用决策。从已有研究来看，主要关注于社会网络中同伴效应所发挥的作用。如山野等（Yamano et al.，2018）以耐盐水稻种子为研究对象，探讨了该种子早期采用者对邻居农户的采用决策影响，研究发现早期采用种子的农户促进了邻居农户采用该种子。刘可（2020）也指出邻居间通过观察性学习、交流及主观感受等促进农户技术采用；桑普森和佩里（Sampson & Perry，2019）实证分析了同伴效应在农户采用节水灌溉技术中发挥的作用，研究发现同伴效应显著增加了农户技术采用。熊航等（2021）以农户新品种采用为案例，分析了同伴效应在创新扩散过程中起到的作用，并进一步将同伴效应分解为信息、经验及外部性三种效应，研究得出三种效应分别在创新扩散过程中的早、中、晚期起到主导作用。

（5）农业技术支持对农户技术采用影响相关研究。一是相关政策支持对农户技术采用影响。杨等（Yang et al.，2019）研究了土地确权对技术采用影响，指出土地确权通过增强农户土地稳定性促进其采用技术；马九杰等（2021）分析了水资源使用权确权登记与取用水许可管理两项政策制度对农户节水灌溉行为的影响，结果表明两项政策同时施行对技术采纳具有明显促进作用；徐涛等（2018）探究了补贴政策感知对农户技术采用意愿影响，结果表明农户感知补贴政策合理性有助于提升农户技术采用意愿。二是探讨农业生产性服务对农户技术采用影响。卢华等（2021）认为农户购买农业社会化服务对其技术采用具有显著促进作用，但不同环节服务对其采用影响存在差异。

（6）组织化程度对农户技术采用影响相关研究。该方面研究主要聚焦于农户参与合作社对技术采用的影响，大部分研究认为参与合作社能促进农户采用技术。如万凌霄等（2021）研究指出合作社参与一方面通过技术培训使农户主动采用技术，另一方面通过标准化生产让农户被动采用技术；曼达（Manda，2020）采用逆概率加权回归分析了农户加入合作社对改良玉米种子采用的影响，并得出加入合作社对改良种子采用具有正向影响，而且推动了种子更新的进程。徐清华等（2022）研究发现加入合作社能提高农户技术采用水平，且对种植大户及多元化种植农户影响更为显著。

（7）农村金融保险对农户技术采用影响相关研究。于等（Yu et al.，2020b）运用中介效应模型分析了数字金融对农户采用绿色控制技术的影响，结果展示数字金融对绿色控制技术采用具有正向影响，其影响机制主要为信贷可获得性的改善、促进信息获取和提高社会信任三个方面；雅利尔等（Aryal et al.，2021）、库玛等（Kumar et al.，2020）也分析了信贷对农户技术采用的影响，均认为农户获得信贷对技术采用具有促进作用。在农业保险方面多数学者选取农户是否参与农业保险来分析对技术采用影响，如朱萌等（2016）分析了农户是否参加保险对稻农采用新品种的影响，其结果得出参加农业保险促进了农户采用新品种。

（8）自然气候对农户技术采用影响相关研究。该方面研究主要关注气候风险如干旱、暴雨等因素对农户采用技术的影响。如霍顿等（Holden et al.，2016）认为长期处于干旱冲击的环境激励了农户采用耐旱玉米品种；阿斯法夫（Asfaw，2016）采用多元 Probit 模型和工具变量法实证分析了气候变化对技术采用影响，研究发现气候变化是技术采用的决定因素，有更多降雨和气温变化的区域现代投入和有机肥采用相对较少。

1.3.2 关于农户技术采用经济效应的研究

学术界对技术采用的经济效应方面相关研究主要关注于技术采用的效率、生产成本、劳动力投入、生产能力改善等角度，其中对农业技术效率的研究较为广泛，如张复宏等（2021）基于 PSM 模型及成本效率模型实证分析了苹果种植户采用测土配方施肥的技术效率，得出技术采用可以明显提升农户的种植技术效率；彭超等（2020）运用随机前沿生产函数模型，评估了农业机械化对农户粮食生产技术效率的影响，认为与没持有农业机械的农户相比，持有农业机械的农户粮食生产技术效率更高；已有研究在效率测算上形成了较为成熟的方法，主要包括随机前沿模型（Ali et al.，2019；Vigani et al.，2019；Lampach et al.，2021）和数据包络分析法（伍国勇等，2019；Kapelko et al.，2020；Skevas et al.，2020）；也有研究以亩均收入作为技术效率的代理变量，直接衡量其效率（郭熙保等，2021）。在农业生产成本方面，相关研究普遍认为新术的采用有利于降低农业生产成本，如卡西等（Kassie et al.，2018）认为改良技术的采用降低了玉米生产成本，而且整合技术的采用降成本效果更加显著；也有学者将技术采用的生产成本与收益进行对比分析，如吕杰等（2016）对节水灌溉技术采用的成本收益情况进行了对比分析，得出节水灌溉的地块节本增效成果显著，而且还对节水灌溉采用的不同规模、不同受教育程度及兼业化程度的农户的成本收益情况进行了异质性分析。在劳动力投入方面，主要是技术采用对劳动力的替代程度，如王欧等（2016）利用超越对数生产函数对农业机械对劳动力的替代弹性进行了测算；在生产能力方面，大多数学者关注于技术采用带来的产能提高，如曼达等（Manda et al.，2016）认为农户采用综合性农业可持续技术提高了玉米产量。

1.3.3 关于玉米收获技术及收后问题的研究

玉米收获问题已受到学术界的广泛关注，但主要针对收获后贮存损失问题，少有研究关注玉米收获环节的关键症结：玉米收获由穗收向粒收技术变迁。在玉米收获及贮存损失方面，李轩复等（2020）基于全国3251个农户数据，对比分析了不同收获方式对玉米收获损失的影响。认为半机械化收获显著降低了收获损失；罗屹等（2020）指出农户采用仓类设施既增加了玉米贮存数量，又减少了贮存损失；郭焱等（2019）在评估玉米收获损失率基础上，实证分析了影响农户收获损失的主要因素。以上研究均有益于减少粮食损失，保障粮食安全。然而，就玉米收获环节而言，其收获方式决定了收获的成本、质量、效率及损失等一系列问题，故仅评估收获环节的损失情况及影响因素不足以推动玉米产业发展，应从玉米收获环节的关键症结入手，即穗收向粒收技术变迁，以从本质上解决玉米收获环节存在的相关问题。

粒收技术的主流研究领域为作物学等自然学科，经济学、管理学等学科涉及较少。当前对粒收技术的研究以实验研究方法为主，以粒收技术试验与示范区获得的实验数据为依据。一是玉米品种对机收技术应用的影响，该方面研究主要通过筛选不同品种进行粒收技术试验，并评价不同品种收获后的效果（李少昆等，2018g；徐田军等，2021）；二是玉米生长性状对其应用的影响，如玉米倒伏情况（薛军等，2020）、密植情况（黄兆福等，2022）；三是降雨等自然因素对其应用的影响（董朋飞等，2019）。粒收技术的特征与效果也得到了自然学科的关注，评价指标主要包含收获的籽粒含水率、破碎率、杂质率及损失率等，并根据不同地区玉米粒收技术试验结果，提出影响收获效应的主要因素（李少昆等，2018b；李少昆等，2019a；王克如等，2021）。少部分学者从经济学与管理学角度出发，通过问卷调研，运用相关分析和概率统计等经济学、管理学方法从农户行为决策视角对粒收技术的影响机制进行了分析，但缺少因果分析，研究结果不能准确、系统地解释其应用的主要影响机制（郭银巧等，2021）。

1.3.4 文献评述

综上所述，学术界对农户采用农业技术的影响因素、经济效应及玉米收获等方面的问题展开了丰富的研究，为本书提供了可靠的参考依据和丰富的经验借鉴，但该领域仍存在一些角度需深入探索。

第一，农户技术采用影响因素研究中较少关注技术配套的作用。已有对农户采用农业技术的影响因素研究主要关注农户禀赋特征、农业经营情况、信息获取渠道、社会网络、农业技术支持、农户组织化程度、农业金融与保险及自然气候等，为本书分析农户技术采用影响因素提供了文献参考。然而在技术变迁进程中，一项新技术的引进需要技术配套设施的完善以提高技术应用效果，这也不可避免地对农户技术采用产生一定的影响。因此，在农业技术方面研究有必要将技术配套纳入研究，以避免遗漏影响农户技术采用的关键因素。

第二，关于技术经济效应研究主要认为技术应用具有正向效应。而对于粒收技术这一类新的、还未被广泛扩散的技术而言，其技术效果存在诸多不确定性，而技术的不确定性反过来会影响技术的变迁进程；而且少有学者关注农业技术变迁过程中的效应评价，而对于玉米粒收技术而言，在已有可替代的穗收技术背景下，若缺乏对两项技术效应的对比研究将会误判农户技术变迁行为。

第三，仅依赖自然学科相关理论，以实验方法探究玉米粒收技术变迁问题，不足以有效扩散该项技术，仍需要考虑农户等技术采用主体的行为决策，从经济学领域探究其变迁过程中农户技术采用的主要影响因素与机制。对于粒收技术，已有研究主要基于自然学科对技术的试验示范效果进行评价及影响机制探讨，而新技术变迁的最终结果是被农户等农业经营主体采用，这一过程中农户的生产决策行为具有不确定性及复杂性。因此，需以经济学方法从农户行为决策视角对其技术采用行为进行探讨，以为技术扩散提供更为丰富的理论依据与参考。

1.4　研究内容与方法

1.4.1　研究内容

为实现本书的研究目标，研究内容如下。

本书以玉米收获由穗收向粒收技术变迁及农户技术采用影响机制为研究主题，利用黑龙江、辽宁、山东、河北四个玉米主产省 521 份农户调研数据，基于"变迁历程—农户技术采用影响因素—影响机制—经济效应—变迁路径"的研究框架。首先，在微观层面分析玉米机收技术特征与农户采用现状基础上，宏观层面上梳理我国与美国玉米机收技术变迁历程；其次，构建"技术认知—采用意愿—采用行为"分析框架，分析农户技术采用意愿与行为的主要影响因素，并讨论意愿与行为出现偏差的主要原因；再次，以农村社会网络中的同伴效应及宜粒收品种配套为切入点，探究同伴效应在技术认知及宜粒收品种选择对农户技术采用行为影响的作用机制；从次，评价农户玉米机收技术采用的经济效应；最后，在中观层面通过探索公益性农技推广机构及市场性农技服务主体推动农户向粒收技术变迁的路径，理清我国玉米机收技术变迁整体逻辑。基于以上研究提出推动我国玉米机收技术变迁的政策建议，为推动我国玉米机收技术变迁与产业变革提供理论依据。具体包括以下研究内容。

（1）绪论。主要对研究背景、研究目的与意义、国内外研究综述、研究内容与方法、技术路线及可能的创新点进行阐述，以为后续研究奠定基础。

（2）理论基础与分析框架。首先，对农业技术变迁及玉米机收技术概念进行界定；其次，对创新扩散理论、诱致性技术变迁理论及农户行为理论等理论进行梳理；最后，通过对农户玉米机收技术采用的影响因素、影响机制、经济效应评价与技术变迁路径的理论分析，构建理论分析框架。

（3）玉米机收技术特征与国内外变迁历程。首先，对穗收与粒收技术的内涵与特征进行阐述，明确两项技术的特征及效果，基于调研数据分析农户玉米机收技术采用现状，为后续的分析奠定基础；其次，梳理玉米机收技术的起源与发展，并对我国玉米机收技术的变迁历程进行梳理，明确我国玉米机械收获的发展阶段与特点；最后，通过梳理美国玉米粒收技术的变迁历程，为我国玉米机收技术变迁提供国际经验与启示。

（4）农户玉米机收技术采用影响因素分析。首先，运用调研数据对农户不同机收技术的认知及意愿进行统计分析，以掌握农户技术采用的主观认知与意愿；其次，运用双变量 Probit 模型，实证分析农户技术采用意愿与行为的影响因素；最后，对农户技术采用意愿与行为关系进行讨论，以找出农户技术采用意愿与行为出现偏差的主要影响因素。

（5）农户玉米机收技术采用影响机制分析。基于调研数据，首先，运用 Probit 模型检验同伴效应在技术认知影响农户技术采用行为的调节效应；其次，运用中介效应模型检验宜粒收品种选择在同伴效应影响农户技术采用行为发挥的中介效应。通过以上机制检验，明晰同伴效应、技术认知及宜粒收品种选择在农户向粒收技术采用中的作用关系。

（6）农户玉米机收技术采用的经济效应评价。基于调研数据，首先，运用随机前沿模型测算玉米种植技术效率；其次，运用倾向得分匹配法，基于玉米种植技术效率、成本收益及玉米销售价格等指标，评价农户玉米机收技术采用的经济效应，以掌握农户技术变迁过程中技术采用获得的实际效应。

（7）玉米机收技术变迁路径探索：基于河北省成安县的案例。结合实际调研情况，运用案例研究法探究公益性农技推广机构与市场性农技服务主体对玉米机收技术变迁发挥的作用，探讨其核心逻辑与路径，为推动我国玉米收获向粒收技术变迁提供参考，同时为其他粮食作物的技术变迁提供借鉴。

（8）研究结论与政策建议。在总结本书主要研究结论基础上，提出促进玉米机收技术变迁的相关政策建议，并提出研究不足与展望。

1.4.2 研究方法

1. 理论研究法

通过阅读相关文献及查阅相关书籍，学习与掌握创新扩散理论、诱致性技术变迁理论及农户行为理论等理论知识，分析与评述国内外相关研究的现状，为本书的理论框架设计、实证研究部分计量经济学模型的选取以及变量的选择奠定坚实的理论与文献基础。

2. 计量分析法

计量分析法是基于计量经济学理论展开的统计分析。在收集与整理数据基础上，通过建立相应计量经济学模型进行回归分析，从中找出研究对象的内在规律和影响因素。首先，在第3章和第4章运用描述性统计分析法分析农户玉米生产经营现状、机收技术采用现状及对玉米机收技术的认知及采用意愿，其认知与采用意愿衡量主要采用李克特五分量表法（如农户是否了解粒收技术：非常不了解、不了解、一般、了解、非常了解）；通过对比分析农户对玉米机收技术的认知及采用意愿情况，为后续农户玉米机收技术采用行为分析提供基础。此外，对调研所获得的数据进行统计描述，以了解样本基本特征并判断数据质量。其次，第4章主要运用双变量Probit模型分析农户玉米机收技术采用意愿与行为的影响因素。再次，运用Probit模型分析同伴效应在农户技术特征及效果认知对其粒收技术采用影响的调节效应。最后，运用中介效应模型、Sobel 检验法探究农户宜粒收品种选择在同伴效应影响其粒收技术采用影响的中介效应。

3. 案例研究法

案例研究法主要应用现实发生的案例来定性与定量分析相关经济理论，该方法通过获取更为丰富的信息，详细深入地剖析细节问题，以弥补计量经济学分析中无法精确定量分析的经济理论。该方法主要聚焦于解释"是什么、为什么及怎么样"等类型问题。本书中该方法主要用于探索玉米收获由穗收向粒收技术变迁的路径。主要通过调研的方式获取粒收技术变迁的典型模式，通过总结、归纳案例在技术变迁过程中的做法与经验，提出技术变迁的可行路径，为粒收技术的变迁提供现实经验，并延伸到一类农业技术的变迁。

4. 比较分析法

比较分析法旨在揭示研究对象存在的差异和矛盾，主要通过对两个或几个有关的可对比对象或者对象的可比方面进行对比来获得。该方法主要用于对比农户穗收和粒收技术的认知，从而探索出玉米收获在穗收向粒收技术变迁过程中农户对不同机收技术认知差异。

▶ 1.5 技术路线

本书的技术路线如图 1－1 所示，技术路线主要沿着"问题提出—研究基础—农户玉米机收技术采用影响因素分析—农户玉米机收技术采用影响机制分析—农户玉米机收技术采用经济效应评价—技术变迁路径探索—研究结论与政策建议"这一总体路线进行。第一，问题提出。基于我国农业发展亟须农业技术变迁和产业变革这一背景，以及玉米产业面

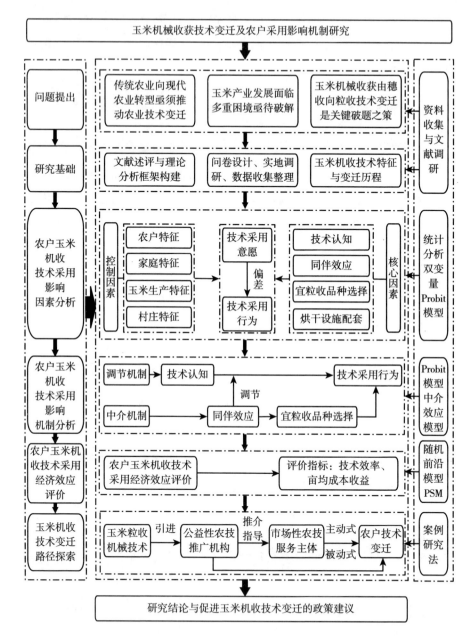

图 1-1　本书的技术路线

临多重困境亟待推动由穗收向粒收技术变迁来破解提出研究的主要问题。

第二，研究基础。主要包括梳理创新扩散理论、诱致性技术变迁理论及农户行为理论，并构建理论分析框架、进行问卷的设计、调研及数据收集整理、梳理玉米机收技术特征与变迁历程等步骤来为后期的研究奠定重要的理论基础及宏观视角的技术变迁历程。第三，农户玉米机收技术采用影响因素分析，其中影响因素主要包括农户特征、家庭特征、玉米生产经营特征、村庄特征、技术认知、同伴效应及品种与烘干设备配套等，并讨论技术采用意愿与行为出现偏差的主要因素。第四，农户玉米机收技术采用影响机制分析，主要探讨同伴效应在技术认知及宜粒收品种选择与农户技术采用行为关系。第五，农户玉米机收技术采用经济效应评价，主要对农户技术采用的玉米种植技术效率及成本收益进行评价。第六，农业技术变迁路径选择主要通过案例研究法探寻技术变迁的可行路径，主要探究公益性农技推广机构与市场性农技服务主体在其中发挥的作用。

▶ 1.6　研究的创新点

第一，与已有研究主要关注单一技术的扩散与采用相关问题不同，本书主要关注农业技术动态变迁问题。通过对已有研究的梳理与述评发现，现有对农业技术方面研究主要关注于单一技术的扩散与采用问题，仅将影响该项技术的因素纳入研究，缺乏对已有可替代技术对当前技术扩散影响的研究。而本研究选取了处于试验示范阶段的、还未被广泛采用的粒收技术为主要研究对象，同时对比已有的穗收技术，较好解释了农业技术变迁过程中新技术的扩散与采用相关问题，更符合我国迈向农业现代化进程中农业技术亟待变迁的现实情境。

第二，构建了农户"技术认知—采用意愿—采用行为"理论分析框架，更符合农户行为决策的理论逻辑。农业技术变迁过程中农户的选择决策行为较为复杂，在面临具有可替代性的不同玉米机收技术时，农户技术采用意愿与行为不仅受到新技术认知影响，还会受到不同技术认知差异影响。因此，本研究基于计划行为理论，构建了"技术认知—采用意愿—采用行为"分析框架，探究农户对不同玉米机收技术认知差异对采用意愿与行为影响基础上，还分析了农户技术采用意愿与行为偏差的主要影响因素，研究更符合农户行为决策的理论逻辑。

第三，基于研究理论框架，检验了技术配套及同伴效应对农户粒收技术采用影响的作用机制。基于研究理论框架，一方面，本书结合粒收技术特征，将宜粒收品种配套纳入农户技术采用行为研究，以避免遗漏影响农户技术采用的关键因素，并检验了宜粒收品种配套在同伴效应影响农户技术采用行为的中介机制，以明晰农业技术变迁中技术配套所发挥的作用，弥补农业技术研究中较少关注农业技术配套影响的不足。另一方面，本书实证检验了同伴效应对农户技术采用行为的影响机制，明确了创新扩散早期阶段同伴群体发挥的作用；且运用案例研究法，以农业合作社作为典型的同伴群体，探索了同伴效应影响农户技术变迁的主要路径，为农业技术变迁过程中发挥同伴效应提供了参考，研究有利于加快推动玉米机收技术变迁。

第2章

理论基础与分析框架

本章主要分为四个部分：第一部分对研究所涉及的核心概念进行界定，主要包括农业技术变迁与玉米机收技术；第二部分是理论基础，主要包括创新扩散理论、诱致性技术变迁理论及农户行为理论；第三部分是理论分析与研究假说；第四部分构建理论分析框架。

▶ 2.1 概念界定

2.1.1 农业技术变迁

农业技术变迁被定义为采用还未被应用的技术来替代已有的技术（Ruttan，1960），是指生产率及资源利用率更高的先进技术替代生产率及资源利用率低的落后技术（刘彩华等，2000）。变迁主要指同环节具有相同功能生产技术发生替代，如玉米收获环节穗收与粒收技术均能完成玉米的机械化收获，但相较而言粒收技术更具节本增效等优势，技术变迁在本研究中指由穗收向粒收变迁，由于农户在面临玉米机收技术选择时，仅粒收与穗收两项技术可供选择，且目前农户玉米收获主要采用穗收技术，基本上实现了穗收技术的全面推广应用，即穗收技术在农户应用过程中已经不存在采用方面的问题，故对玉米机收技术变迁的衡量主要指农户由采用穗收技术变为采用粒收技术，后文分析中均以农户采用粒收与否来衡量玉米机收技术变迁，不再作解释说明。从农业技术变迁历程来看，主要为向劳动与资本集约型技术发生变迁。如速水佑次郎等（1996）在研究日本和美国农业现代化道路中的技术变迁历程发现，日本在人多地少的基本国情下选择向化肥、良种和水利等方面的技术变迁来提高耕地供给能力；而美国在人少地多的基本国情下选择了节约劳动力的农业机械化道路，据此两位学者提出了由要素资源禀赋相对稀缺程度而导致的技术变迁。农业技术的变迁是实现农业现代化的重要途径（陈锡文，2018）。但就当前我国农业发展现实情况来看，部分农业技术已呈现出不适应性、落后性，依靠传统农业技术难以推动农业发展，且会造成农业发展动力不足、资源利用率低下及环境污染严重等问题，亟待发生农业技术变迁。

2.1.2 玉米机收技术

玉米机收是指运用机械替代劳动力来完成玉米果穗采摘、剥皮、脱粒、清选、秸秆还田等作业的技术（耿爱军等，2016）。由于玉米收获具有时效性强、费工费时、季节性强，且易受风、雨等自然灾害冲击等特点，通过机械收获可以减少农村劳动力投入、减轻劳动强度、提高收获作业时效性及作业效率、降低收获损失（Li et al.，2016）。目前，国内玉米机收以穗收与粒收两类技术为主，其中，穗收技术以机械收获玉米果穗为主，而粒收技术可以直接收获玉米籽粒，两类技术差异主要在于粒收技术可以一次性完成玉米收获作业，收获的玉米籽粒可以进行烘干、贮存或售卖，而穗收受限于技术形式，收获后的玉米果穗仍需要晾晒、脱粒等多个环节作业才可进行售卖。相关研究业已指出玉米粒收技术应用率低是制约我国玉米产业实现全程机械化及高质高效发展的瓶颈（李少昆，2017a），加快推动粒收技术的推广与应用是我国玉米机收技术的发展方向及玉米产业实现转型升级的重要抓手（李少昆，2016）。因此，本书以粒收与穗收两类可替代的机械技术为主要研究对象，对玉米收获由穗收向粒收技术变迁展开研究。

2.2　理论基础

2.2.1　创新扩散理论

创新理论最早由熊彼特提出，其在《经济发展理论》一书中对创新进行了定义，指出创新是通过建立一种新的生产函数，将生产要素与生产条件按新的方式组合进入生产体系中。并将创新分为五种类型：采用新产品、运用新的生产方法、开辟新的市场、控制原材料新的供应来源、实现新的工业组织。即熊彼特的观点主要认为创新分为产品、技术、市场、资源配置及组织五个方面（熊彼特，2009）。该理论为后续创新扩散理论的发展奠定了重要基础。在此基础上，罗杰斯（Rogers，2003）通过对新事物如农药、种子等新技术在农村的扩散及普及过程的调研研究，提出了创新扩散理论。该理论认为创新扩散是指新的事物（如产品、信息、技术等）在一个社会系统中传播的过程，该传播方式主要是从一个创新源个体向其他的创新接受者传播的过程，这种传播的最终结果可能对接受者的创新行为产生影响。其将创新扩散分为四个方面：一是接纳的决策过程（即创新的获知、说服、决定、实施与确认），二是信息的来源与沟通的渠道，三是接纳者的分类（创新提出者、早期采用者、早期众多采用者、后期众多采用者及落伍者），四是创新扩散的"S"形曲线。

创新扩散理论框架如图2-1所示，就创新接纳的决策过程而言，获知是创新传播的重要前提，一项创新只有被主体接触、认知才会有后续的传播过程；说服是创新态度形成的重要基础；决策是创新采用或者拒绝采用的环节，这也决定了创新是否能扩散开来；实施是创新扩散成功的关键环节；确认是创新决定的最终环节，决定了创新的继续使用或者撤回决定。信息的来源与沟通的渠道是创新传播的重要渠道，决定了创新的扩散速度。就接纳者的分类而言，罗杰斯（Rogers，2003）指出在每一产品领域均存在少部分创新先驱和早期采用者，之后创新会被大范围的扩散，众多主体开始采用新的产品，使得产品的采用达到顶峰，之后会逐渐回落。其为更好地展现创新扩散的过程，建立了创新扩散理论模型——"S"曲线，指出创新扩散一开始处于较为缓慢的状态，当采用者数量逐渐增多至临界数量之后，创新扩散速度开始加速，直到社会系统中可能采用创新的主体大部分采用创新后，扩散速度逐渐放慢。基于该理论可以发现，我国玉米粒收技术正处于创新扩散的早期阶段，仅少部分农户采用了该项技术，在这一阶段早期采用者对未采用者的创新决策过程发挥了重要作用，一方面早期采用者可以通过沟通交流等渠道传递技术信息，提高未采用者的技术认知；另一方面早期采用者的技术使用效果可以说服未采用者，从而影响其实施技术采用决策。因此，对于正处于创新扩散早期阶段的粒收技术而言，早期采用者对技术扩散发挥了重要作用；而穗收技术已处于创新扩散的后期阶段，农户已处于创新决策的确认阶段，即大部分农户均已采用了该项技术，此阶段技术使用习惯对农户技术采用行为发挥了重要作用。

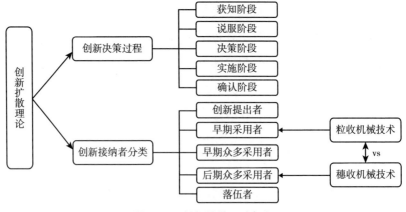

图 2-1　创新扩散理论框架

2.2.2　诱致性技术变迁理论

农业技术变迁是驱动农业现代化发展的有力支撑，最终目标是摆脱资源禀赋约束和满足不断增长的产品需求（林毅夫等，1991）。诱致性技术变迁理论是农业技术变迁的经典理论，这一理论将技术变迁与资源禀赋相结合，不仅解释了农业技术变迁的内因，也成功阐释了其变迁的可行路径。诱致性技术变迁理论的起源及发展主要如下：20 世纪 30 年代，希克斯在《工资理论》一书中开创了诱致性技术变迁理论的先河，其提出了要素稀缺诱致发明（或技术创新）理论，即发明是以节约变得相对昂贵要素的重要手段。其以劳动和资本两种要素为基础，将技术进步分为资本节约型、中性及劳动节约型三种类型。资本节约型技术进步是指降低资本与劳动边际生产率比率，劳动节约型技术进步则反之，而中性技术进步是指资本与劳动边际生产率比率保持不变（Hicks，1963）。在此基础上，该理论主要演化为两个分支：一是"施莫克勒—格里利切斯"主张的市场需求诱致的技术变迁；二是"希克斯—速水—拉坦—宾斯旺格"主张的要素稀缺诱致的技术变迁，这也是目前被学术界广泛接受的诱致性技术变迁的主流理论。

具体而言，市场需求诱致的技术变迁主要由商品市场需求为导向，即商品的价格和市场规模是决定发明一种新技术相对收益的重要因素。格里利切斯（Griliches，1957）以美国杂交玉米为例分析了技术变迁的产生与发展。其指出"盈利能力"是市场密度、创新和营销成本的函数，即技术创新带来的利润（即技术的盈利水平）是诱致技术创新及扩散的关键要素，且市场会诱致技术在具有高盈利能力的区域变迁与扩散。施穆克勒（Schmookler，1966）在《创新与经济增长》一书中指出需求是推动创新主体开展技术研究的诱致要素，即市场需求推动了技术的变迁。以上学者均假定技术变迁是由市场需求及经济利润诱致的。然而该理论并未得到后续的验证与学术界的支持，仅少部分研究对此理论进行了验证，如林（Lin，1992）以我国杂交水稻创新与扩散为例，对市场需求诱致的技术创新理论进行了检验，其实证检验结果表明一个省的水稻种植面积决定了该省水稻研究资源的分配与杂交水稻使用，这也部分验证了施莫克勒－格里利切斯（Griliches－Schmookler）假说。

　　要素稀缺诱致的技术变迁理论主要关注由要素资源稀缺引起的要素相对价格变化所诱致的技术变迁。具体而言，希克斯（Hicks，1963）在《工资理论》指出了要素相对价格变化会诱致技术变迁，但其并未解释要素价格变化如何诱致技术变迁。在此基础上，速水佑次郎和弗农·拉坦（1996）在《农业发展的国际分析》一书中构建了诱致性技术变迁过程的理论模型，并通过对比日本和美国农业现代化道路中的技术变迁历程，以美国土地资源禀赋优势相对较强，而劳动力禀赋优势弱；日本劳动力禀赋优势相对较强，而土地资源禀赋优势较弱两个角度验证了要素稀缺诱致技术变迁的假说，指出美国在人少地多的基本国情下选择了节约劳动力的农业机械化道路；而日本在人多地少的基本国情下选择了化肥、良种和水利等方面的技术变迁来使耕地供给能力提高。宾斯旺格（Binswanger，1974）通过一个多要素超越对数成本函数模型进一步支撑了诱致性技术变迁假说。除以上学者对诱致性技术变迁理论的拓展与丰富外，国内学者也基于国内农业发展的实际情况对该假说进行了验证与补充。林（Lin，1991）基于国内计划经济体制和缺乏市场的传统农业社会，通过构建理论模型指出计划经济时期由于农村生产要素不能充分流动，要素相对丰裕程度的变动也会影响要素边际生产率的变化，从而诱致技术发生变迁。而且林毅夫（1992）进一步分析了农户技术选择方面的问题，其在《制度、技术与中国农业发展》一书中探讨了市场需求角度下的技术选择问题，认为市场经济中在要素相对价格变化诱导下，农民将选择能够替代日益稀缺生产要素的那些技术。

　　诱致性技术变迁理论为我国玉米机收技术变迁提供了理论依据。如图2－2所示，玉米穗收向粒收技术变迁主要由市场需求、土地及劳动力要素稀缺诱致发生变迁。具体而言，在市场需求方面，玉米饲用及加工需求的不断增长，导致市场对玉米数量及品质需求增加，诱致了玉米机收技术变迁，从而提高玉米生产能力与品质；在土地方面，我国土地资源相对稀缺，而玉米种植占用土地较多，且存在玉米与大豆争地问题，而玉米收获向粒收技术变迁有利于推动玉米密植化发展，提高玉米产量，减少对土地需求；在劳动力方面，我国农村劳动力向城镇大量转移背景下，农村劳动力呈现相对紧缺，且非农工资不断上涨导致劳动力机会成本升高，因此推动玉米收获由穗收向粒收技术变迁有利于替代农村劳动力。因此，推动玉米机收技术变迁符合我国农业发展的现实情境，有利于实现玉米产业转型升级与提质增效。

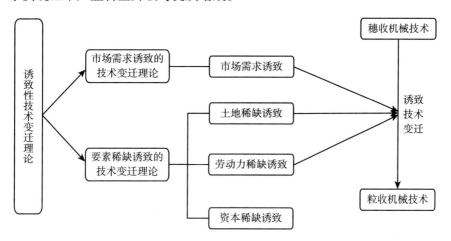

图 2-2 诱致性技术创新理论框架

2.2.3 农户行为理论

农户行为是指其在农村经济活动和生活中所作出的各种选择决策，在本书中农户行为特指其在农业生产过程中对农业技术的采用决策行为。农户的行为对农业发展起到了至关重要的作用，这也引起了学术界的广泛关注，并形成了丰富的理论。本节主要从两个方面对农户行为理论进行梳理，如图 2-3 所示，一是围绕农户理性假设展开的农户行为研究，现有理论主要的争论点在于"农户行为决策是否理性"，并形成了以舒尔茨为代表的理性小农学派、以恰亚诺夫和斯科特为代表的道义经济学派、以西蒙为代表的有限理性学派和以黄宗智为代表的综合小农学派。二是围绕行为经济学展开的农户行为理论，该理论主要包括理性行为理论及计划行为理论，通过将个体的信念与行为紧密地联系在一起，塑造了个体态度、主观规范及感知行为控制的意图与行为的理论框架。

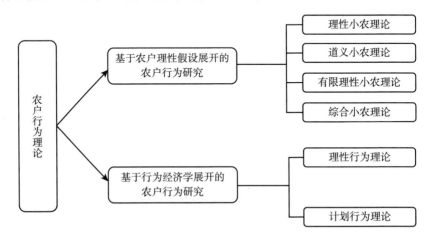

图 2 – 3　农户行为理论主要观点

1. 围绕农户理性假设展开的农户行为研究

理性小农理论。舒尔茨是"理性小农"理论的最早奠基者，其在《改造传统农业》一书中通过探寻传统农业发展落后甚至停滞的原因过程中指出，农民的行为决策是基于理性原则作出的，其农业生产行为决策的属性与资本企业的生产行为决策一样，均是基于效用最大化背景下作出的理性选择，而且他进一步假设农民进行农业生产是"贫穷而又有效率的"，强调农民在面临农业生产的成本收益与多重风险下，其在传统农业生产中实现了对投入要素的最佳利用与资源的合理配置，对要素与资源的配置能力可以媲美于具有优势的农场经营者。因此，对于传统农业的改造完全可以依靠于农民为追逐效用最大化下的高效配置资源和创新行为（舒尔茨，1987）。波普金在舒尔茨理性小农基础上进一步发展和延伸了理性小农模型，其在《理性的小农》一书中提出的假设表明：农民是以个人或家庭福利最大化的理性人。并围绕该假设对农民理性经济行为做了定义与解释，指出农民作出理性决策的前提条件是满足自身偏好和价值，然后再追求效用最大化目标，同时也要考虑家庭的福利最大化（Popkin，1980）。我国学者林毅夫（1988）也指出小农的经济行为是符合理性的，其以小农对具有高产值的现代良种选择行为为例指出，尽管小农未选择预期产出高的现代品种，而选择种植预期产出低、但抵御自然风险强的传统品种是基于农业生产的自然风险和外部经济条件下作出的最优选择，并提出小农的理性经济行为是基于决策者有限的主观认知能力与外部经济条件约束下作出的满足其最大效用的选择。

道义小农理论。恰亚诺夫（1996）是道义小农理论的奠基人，该理论主要强调小农的经济行为是非理性的。其在《农民经济组织》一书中以俄国革命前时期的小农为主要研究对象，强调农户的经济行为组织是具有"家庭劳动农场"性质的，并与资本主义的生产特征进行对比，从小农的生存属性出发对其行为进行定性，指出小农的经济活动与组织主要以满足家庭的消费需求及生存需要为目的，其与资本主义以利润为生产目标不同，并非是追逐效用最大化的。斯科特（2001）在《农民的道义经济学：东南亚的反叛与生存》一书中通过对缅甸和越南农户的实地考察，进一步阐释了道义小农理论，其以东南亚小农生存面临着旱涝、畜禽瘟疫、风灾等多重灾难为背景，基于农民所特有的生存伦理，以小农"生存安全第一"和"极力规避风险"为理论核心，指出小农的行为是保障生存为目的进行的。

有限理性小农理论。阿罗最早提出了有限理性概念，认为人是有限理性的行为主体，即人的理性行为是介于完全理性与非完全理性之间的。诺思对人的有限理性作了进一步解释说明，认为人的有限理性主要源于两方面原因，一是人所处的环境是复杂且不确定的，交易越多，人面临越多的信息不完全及不确定性；二是人不可能获取完全信息，即人对环境计算和认知的能力是有限的，因而人不可能是完全理性的（张义祯，2000）。西蒙从管理学理论出发，结合经济学和心理学相关理论，进一步完善了有限理性理论。西蒙指出与完全理性的"经济人"不同，有限理性的"管理人"在实际决策中，受复杂的环境及多元信息条件制约，无法选择最优的决策方案，此时其行为决策以实现最满意的方案为目标（西蒙，1988，2007）。该理论一是放松了完全理性假设，即决策者的目标具有多元化属性，其在进行决策时不仅以利润最大化为目标，还会受到其所属组织中的目标所约束；二是该理论充分考虑了决策者所处的现实环境，其所处的环境通常是复杂多变的，导致其并不能获得决策所需的所有信息，即信息具有不完全性，从而影响其实现最优决策目标；三是决策者个人的能力，决策者受自身生理与心理因素所限制，在认知、态度等方面存在一定的差异，即使其获得有关环境的全部信息，也无法实现完全理性的处理。

综合小农理论。黄宗智（1986）针对理性小农学派的农户经济行为是以利润最大化为目标与道义小农学派的以满足生存需要为目标的争论，结合华北地区小农经济与社会变迁历史，提出了一个相对折中的理论：小农既有追求最大经济效益的理性特征，又有满足消费需求的生存特征，即小农是一个具有综合特征的个体。其理论指出我国农户的经济行为一方面要受到市场经济的影响，其会将生产的产品进行商品化，以实现利润的最大化；另一方面在内卷式经营困境下，农村劳动力供给远超于需求，劳动投入过密化导致劳动力报酬低于维持生存的标准之下，但农民为了维持生存仍会将劳动力投入到边际报酬低于市场工资的地步。

2. 围绕行为经济学展开的农户行为理论

行为经济学作为实用的经济学，颠覆了传统经济学理论中关于"理性经济人"的假设，依据心理学相关发现修正了主流经济学中人的理性、完全信息及效用最大化等基本假设，从而帮助更好地理解现实情境下人的决策行为。行为经济学发展经历了从理性行为理论到计划行为理论两个阶段。理性行为理论阶段，费什拜因和阿岑（Fishbein & Ajzen，1975）提出了该理论，其理论主要聚焦人的行为意向与决策之间的关系，其暗含的假设人的行为是理性的，但并非以利润或效用最大化来决定行为，而是在作出行为决策前会综合各种可获得的信息来衡量自身行为的意义与后果。此外，该理论进一步指出人的行为意向由个体行为态度与主观规范两个因素所共同决定，而态度与主观规范会受到个体的信念所影响。故行为决策的路径可概括为信念影响态度与主观规范，而二者又将影响个体行为决策。然而理性行为理论存在一定的缺陷，其理论主要基于个人意志力控制假设解释行为，而个体对行为的意志控制会受到时间、信息、能力等外部因素影响，从而导致该理论无法合理解释对不完全由个体意志力控制的行为。因此，阿岑（Ajzen，1991）提出了计划行为理论，进一步修正了理性行为理论。该理论考虑到个体的行为并不完全由自身意愿所影响，还会受到知觉行为控制的影响，即个体的主观规范、行为意愿及知觉行为控制是决定个体行为的关键因素。在以上因素对行为作用方式上，行为意愿决定个体的行为，行为意愿又由行为态度、主观规范及知觉行为控制决定。该理论由于进一步改进和完善了理性行为理论，提供了个体行为较完整的理论分析框架，已被学者们广泛应用于农户技术采用行为研究。

2.3　理论分析与研究假说

2.3.1　农户玉米机收技术采用影响因素的理论分析

玉米粒收技术作为一项还未得到广泛扩散与应用的新型玉米机械收获技术，目前正处于技术扩散的早期阶段，创新扩散进程较为缓慢，仍需加快推动该项技术扩散，以使得更多的主体采用该项技术。基于我国"大国小农"的基本国情、农情，推动更多农户主体采用该项技术才能使得玉米机收技术发生变迁，即农业技术变迁进程中农户的行为决策起到了重要决定作用。故本书主要研究在玉米机收技术变迁进程中农户技术采用的主要影响因素。

依据计划行为理论，农户在作出行为决策前会受到个体的主观规范、行为意愿及知觉行为控制。当农户对一项新技术越了解，技术特征与效果认知越好，其对该项技术采用意愿将越强，而采用意愿的形成将会影响其最终行为决策。因此将农户技术采用行为决策分为两个阶段：第一阶段，农户技术采用意愿形成阶段，这一阶段农户对粒收技术的基本认知、技术特征及效果认知起主要作用；第二阶段，农户技术采用行为决策阶段，这一阶段农户技术采用意愿已基本形成，呈现出技术采用意愿向实际变迁行为转化。同时考虑到农户技术采用意愿与行为之间具有较强关联关系，可能受到相同因素影响，故将二者进行联立分析，以深入分析农户技术采用意愿与行为关系；而且结合粒收技术需配套适宜品种及烘干设备特点，将技术配套作为核心因素纳入农户技术采用意愿与行为影响分析之中；此外，依据上述创新扩散理论可知玉米粒收技术仍处于创新扩散早期阶段，早期采用者对周边农户技术采用意愿与行为决策发挥了重要影响作用，即农户社会网络中的同伴群体对其采用决策发挥了重要作用，故将同伴效应纳入研究。同时依据"理性经济人"假设，农户在作出技术采用意愿与行为时，不仅会考虑自身及家庭等因素的影响，还会考虑玉米生产经营情况及村庄特征的影响，故在分析其行为决策时仍需纳入个体特征、家庭特征、玉米生产经营特征及村庄特征等因素。依据以上理论分析，本书构建了农户技术采用意愿与行为影响的理论分析框架。

首先，农户技术认知将对其技术采用意愿与行为产生重要影响。阿岑（Ajzen，1991）在计划行为理论中指出认知是决定个体行为最本质的要素，表现出"个体认知决定个体意愿"的逻辑关系，而个体意愿直接决定了个体行为。即农户行为意愿将直接影响其实际行为，而农户行为意愿会受到个体的主观规范和知觉行为控制共同影响。具体而言，在农业技术变迁进程中，农户技术认知是一个循序渐进的过程，在一项相对新的技术进入农业生产时，农户对技术本身的了解程度是技术采用的基础（张晓慧等，2022），即农户对一项技术的初步认知是产生后续技术特征、效果等认知的先决条件，故选择农户对粒收技术了解程度来衡量其对技术基本认知情况，当农户对技术了解程度越深时，其采用意愿越强，向实际行为转化可能性越大；此外，农户对该项技术使用认知及特征等认知对其意愿与行为形成产生了重要作用，结合粒收技术自身特征，主要采用粒收技术易用性认知、粒收技术特征等方面认知进行衡量，其中，农户感知技术掌握和使用越容易，其采用意愿相对越强（徐涛，2018）；而根据粒收技术特征如籽粒破碎、杂质及含水率要求等可知，农户感知粒收技术作业籽粒破碎率、杂质率越低、所需含水率要求不高将会对农户技术采用意愿与行为产生正向影响。在分析以上农户对技术本身认知基础上，有必要衡量技术变迁进程中农户对不同机收技术的可替代性及效果认知差异，而农户对不同技术认知上的差异也将决定技术采用意愿与行为。具体而言，农户对新技术替代旧技术认可度越高，其越可能产生技术采用意愿与行为；此外，新技术相对于已有技术在作业成本、劳动力需求、作业流程等方面越具优势，则其越可能产生采用意愿与行为。

其次，农户技术采用意愿与行为还会受到农业技术配套影响。农业技术扩散与应用过程中，技术配套设施起到了重要作用，缺少农业技术配套将会抑制农户技术采用意愿与行为。尤其是对于粒收这一项需要配套种植宜粒收品种及烘干设备的技术而言。在宜粒收品种配套方面，主要是受我国玉米育种以高产为目标的传统影响，传统玉米品种脱水期较长，收获时籽粒含水率相对较高，不适宜粒收技术（李少昆等，2018e），故在应用粒收技术前需种植具有早熟、籽粒脱水快等特性的适宜玉米品种，以在收获期降低玉米籽粒含水率，减少收获籽粒破碎率，提升粒收技术效果。因此，当农户选择种植宜粒收品种时，其采用粒收技术的概率越大；另外，粒收技术收获的玉米籽粒无法像果穗一样采取堆放晾晒的方式贮存，否则将造成籽粒发生霉变，影响玉米销售价格，故收获后配套烘干设备也将影响粒收技术变迁进程。但对于收获后直接售卖籽粒的农户，烘干设备配套与否将不会对其技术采用产生影响。

此外，农户的农业技术采用意愿与行为在很大程度上受到同一群体中的其他农户的技术采用行为影响，即同伴效应将会影响农户意愿与行为（Manski，1993）。创新扩散理论指出信息的来源与沟通的渠道是创新扩散的重要渠道，并影响了创新扩散速度。一项新技术最早是被少部分主体所采用，而这部分主体的使用体验及效果将影响同一社会网络中的其他个体行为决策，对技术扩散起到了重要的扩散作用。而且我国农村所形成特有的"熟人"关系网络对技术扩散传播起到了重要的决定作用，个体之间通过信息、资本、物品或服务等流动建立起来的联系促进了技术的扩散（Maertens & Barrett，2012）。福斯特等（Foster et al.，1998）较早检验了社会网络中的同伴效应对高产新品种采用的影响，指出对新品种管理的不完全信息是阻碍农户采用新品种的关键因素，而从周边农户获取关于新品种管理的相关经验能缓解信息不对称的影响，从而显著促进了农户采用该品种。因此，在检验农户技术采用意愿与行为影响因素时不可忽视同伴效应所发挥的重要作用。

基于以上理论分析，主要提出以下假说。

H2.1：技术认知对农户技术采用意愿与行为具有显著正向影响。

H2.2：宜粒收品种配套对农户技术采用意愿与行为具有显著正向影响。

H2.3：同伴效应对农户技术采用意愿与行为具有显著正向影响。

2.3.2 农户玉米机收技术采用影响机制的理论分析

在分析农户玉米机收技术采用影响因素基础上，需进一步探讨其中的主要机制。依据创新扩散理论可知，在玉米粒收技术扩散早期阶段，同伴效应对技术扩散发挥了重要作用，本书对影响机制的探索主要围绕同伴效应展开。同伴效应指的是这样一种现象：个体的行为决策不仅受到价格、收入等与个体经济利益密切相关的激励影响，同时也会受到同一社会网络中其他个体行为的影响（Manski，1993）。如何有效识别社会网络中同伴效应对农户技术采用决策的作用机制对于推动农业技术变迁至关重要（Banerjee et al.，2013）。

已有研究指出同伴效应对农户行为决策的作用机制主要分为以下三类。

一是同伴之间沟通交流所产生的信息效应。创新扩散理论指出在创新扩散的决策过程中，获知是创新传播的重要前提，一项创新只有被主体了解与认知，才会有后续的传播过程。然而农户群体在新技术采用过程中普遍存在信息缺乏及信息滞后等问题，信息的不完备导致农户对技术特征与效果了解与认知不足，从而阻碍了其技术采用（汪三贵等，1996）。当同一社会网络中其他群体率先采用新技术后，其作为重要的信息传播渠道，通过口口相传的方式增强农户对新技术的了解与认知，打破信息壁垒对农户新技术采用的影响（熊航和肖利平，2021）。

二是同伴群体所产生的经验效应。当农户面临一项新的技术时，技术应用的实际特征与效果存在诸多不确定性，农户技术采用面临较大的风险，从而抑制了农户技术采用行为决策。而同伴效应所具有的经验效应可以为农户技术采用提供实践参考，缓解技术使用风险对农户行为决策的影响。当同一社会网络中同伴群体率先采用一项新技术时，农户可以通过观察与咨询等方式了解技术的特征与效果，增强技术的特征与效果认知，获得更加具体且精确的技术使用经验，再作出技术采用行为决策。福斯特和罗森茨威格（Foster & Rosenzweig，1998）研究指出同伴群体对新技术的应用经验能够显著增强农户技术采用概率。

三是同伴群体所产生的学习效应。同伴群体之间在行为决策过程中会存在相互模仿与学习的现象。一方面，同伴群体中信息的快速流动，尤其是处于同一村庄的同伴群体间信息传播更为迅速，使得农户的生产经营决策行为具有趋同性，即农户群体在新品种采用、技术使用方面会存在相互模仿（卫龙宝等，2005；罗庆等，2010）；另一方面，个体会向同伴中的榜样群体进行学习，以改善个体目前的状况。康利等（Conley et al.，2010）指出农户在农业生产决策过程中会向具有成功生产经验的同伴群体学习，以提高农业生产效益。

结合上述理论分析可以得出同伴效应对农户粒收技术采用行为影响的主要机制如下：一是同伴效应能增强农户技术特征与效果认知，从而促进农户技术采用。在大多数农户对粒收技术认知不足背景下，同伴效应所具有的信息效应能增强农户对技术的认知，而同伴效应所产生的经验效应能让农户准确的认知该项技术的特征与效果。二是同伴效应通过促进农户选择宜粒收品种来影响农户技术采用。已有研究证明玉米收获时籽粒含水高是导致收获籽粒破碎率高的关键因素，配套种植具有早熟、脱水快等特征的玉米品种成为推广粒收技术的重要前提（李少昆，2017a；王克如，2021）。同伴效应所具有的经验效应使得农户在技术采用前进行宜粒收品种的配套，以减少收获籽粒破碎带来的损失，而且同伴效应中的学习效应也会使得农户在粒收技术采用前进行品种配套，以提高技术效果。

基于以上理论分析，主要提出以下假说：

H2.4：同伴效应在技术认知对农户技术采用行为影响中具有正向调节效应。

H2.5：宜粒收品种选择在同伴效应对农户技术采用行为影响中具有中介效应。

2.3.3 农户玉米机收技术采用经济效应的理论分析

根据诱致性技术变迁理论可知，要素资源的稀缺程度是引起技术发生变迁的重要因素。对我国而言，在工业化、城镇化进程不断加快，农村劳动力大量向城镇转移背景下，农村劳动力红利已基本消耗殆尽，农业生产环节呈现出由机械替代劳动力的格局。然而，对于玉米收获环节而言，虽耗费大量的劳动力，但机收技术并未由穗收向更为节约劳动力的粒收技术变迁。玉米机收技术变迁方向与诱致性技术变迁理论相悖，即在农村劳动力逐渐缺乏背景下，农户并未向更节约劳动力的粒收技术变迁，故有必要探究农户采用粒收技术的实际经济效应。

本节进一步讨论农户技术采用的动机。理论分析遵循农户"理性经济人"假设，即农户在玉米种植过程中对粒收技术采用行为始终以利润最大化为目标，从而实现效用最大化。基于阿布杜莱等（Abdulai et al.，2010）的随机效用最大化理论分析框架，假定农户粒收技术采用行为与玉米经济效应呈线性关系，线性回归方程定义如下：

$$Y_i = \alpha_i + \delta H_i + \beta_j X_{ij} + \mu_i \tag{2.1}$$

其中，Y_i 代表玉米种植的经济效应；H_i 代表农户 i 粒收技术采用行为虚拟变量，若采用，则赋值为1，反之赋值为0；X_{ij} 是解释变量向量，包括户主、家庭、玉米生产经营及村庄等特征；δ 和 β_j 是待估计参数向量；μ_i 是误差项；α_i 是截距项。

鉴于农户采用粒收技术并非是随机的，而是受到户主特征、家庭特征等多重因素影响，故定义农户采用粒收技术的方程如下：

$$H_i^* = \gamma_k Z_{ik} + \varepsilon_i \tag{2.2}$$

其中，H_i^* 代表农户 i 粒收技术采用行为的不可观测潜变量，表示采用粒收技术的农户效用 U_{iA} 与未采用的农户效用 U_{iN} 之差，即 $H_i^* = U_{iA} - U_{iN}$。如果 $H_i^* > 0$ 则 $H_i = 1$，即农户采用粒收技术，否则 $H_i = 0$。Z_{ik} 代表影响因素，主要包括户主、家庭、玉米生产经营及村庄等特征；γ_k 为待估计参数向量；ε_i 为误差项。

由于农户采用粒收技术会对玉米经济效应产生影响，故式（2.1）与式（2.2）并不是相互独立的。本书通过定义农户玉米种植利润最大化方程来衡量二者的关系：

$$\pi_i = P \, Q_i [V, W(H_i)] - P_i' W(H_i) \tag{2.3}$$

其中，π_i 代表农户 i 玉米种植最大利润；P 代表玉米价格；Q_i 代表玉米产量；W 代表土地、资本及劳动力要素投入数量；P_i' 代表土地、资本及劳动力要素投入价格；H_i 代表农户采用粒收技术；V 代表户主、家庭等特征；$Q_i[V,W(H_i)]$代表玉米产量受到户主特征、家庭特征、土地、资本及劳动力要素投入及粒收技术采用行为的影响；$W(H_i)$代表要素投入将会受到粒收技术采用行为影响，即农户采用该项技术可以减少劳动力与资本投入等。

联立式（2.1）~式（2.3）可以发现，农户粒收技术采用行为将会影响农户玉米生产的经济效应，而实际经济效应将影响玉米机收技术变迁进程。

2.3.4 农户玉米机收技术变迁路径的理论分析

一项农业技术创新在农户群体间的高效扩散及广泛应用，其重要性不亚于农业核心技术的突破。在农业迈向现代化发展进程中，重点解决农业生产经营中先进适用技术及物质装备不足等问题，加速推进农业新型技术在农业经营主体间尤其是农户群体间扩散显得尤为重要。而且农户在应用新型农业技术过程中存在获取日常性生产技术指导的刚需（孙明扬，2021）。探寻可行的技术变迁路径，合理引导农户更快更好地采用新型农业技术，进而推动农业技术变迁具有重要理论意义。在农户玉米机收技术采用影响机制分析中，主要围绕同伴效应探讨了其在农户技术认知及宜粒收品种选择与农户技术采用行为的关系。为进一步明晰同伴效应在粒收技术扩散中发挥的实际作用，以创新扩散中技术率先采用者农业合作社作为典型的同伴群体，展开案例分析探寻技术变迁路径，为获取技术变迁的完整路径，本书还将公益性农技推广机构纳入技术变迁路径探索之中。

针对农业技术在农户群体变迁问题，已有研究展开了广泛的探讨。首先，研究多基于诱致性技术变迁理论指出我国农业技术变迁主要表现出明显的要素"诱致性"特征。如郑旭媛等（2017）以中国粮食生产向机械化变迁为例，指出劳动力成本上升会导致农户向机械化变迁以替代劳动力，农业技术变迁呈现出节约劳动趋势；其次，相关研究指出技术推广人员及社会网络等信息传播渠道对推动农户采用技术起到关键作用。如姚辉（2021）指出一项新农业技术的扩散与推广由技术推广人员及农村熟人关系网络开始，但在农户对新技术持不确定性态度时，该种模式对技术推广进程相对缓慢，且其对技术推广效果受到技术推广人员水平及农村关系网决定。薛彩霞（2022）也指出在农业技术扩散的早期，技术推广人员是引起农户对技术关注的重要渠道，但随着扩散进程加快，社会网络将起到主导作用。此外，相关研究指出组织化程度也促进了农户采用技术，如郑适等（2018）指出农业合作社在技术推广中起到了重要作用，其可以通过为农户提供专业化培训与技术服务来促进农户采用技术。以上文献均为农业技术的变迁提供了思路，不仅对农户技术变迁的动因进行了探讨，而且提出了技术推广扩散的可行路径，如农技推广机构及农业合作社等市场化主体对技术扩散的作用。

从我国农业技术变迁历程来看，政府等公益性农技推广机构发挥了重要作用（高启杰，2002）。黄季焜等（2009）基于 2003 年对全国 28 个县的实地调查，指出 1996~2002 年农户采用的新型农业生产技术中，有 40% 左右来自于政府等公益性农技推广机构的推介。然而，我国公益性农技推广服务体系职能的不断衰落造成农技推广陷入僵局。一方面，农技推广机构事业费减拨甚至停拨造成农业技术推广面临"网破、线断、人散"等困境，这已成为我国农业科技进步的主要阻碍（周曙东等，2003）。另一方面，农技推广机构以行使各级政府技术推广任务为主，技术推广缺乏针对性，未能有效满足农民现实生产技术需求（中国农业技术推广体制改革研究课题组，2004）。尽管《国务院关于深化改革加强基层农业技术推广体系建设的意见》已经明确农技推广机构的公益性职能属性及增加财政支持力度，但我国农技推广机构改革仍处于困境之中（黄季焜，2009）。对此，引入市场性农技服务主体，实行公益性农技推广有效对接市场化营运是推动农业技术变迁的可行路径（李艳军，2004）；有机结合公益性农技推广机构与市场性农技服务主体，有利于推动农户发生技术变迁（孙明扬，2021）。

▶ 2.4 理论分析框架

依据上述理论分析，本书构建了如图 2 - 4 所示的理论分析框架。

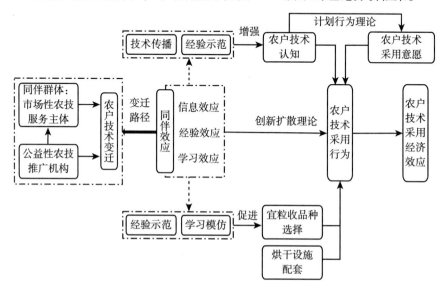

图 2 - 4 理论分析框架

如图 2 - 4 所示，本书基于农户视角，在创新扩散理论、诱致性技术变迁理论及农户行为理论的指导下，构建了玉米机收技术变迁及农户采用影响机制研究的理论分析框架。首先，分析技术认知、同伴效应及宜粒收品种选择、烘干设备配套对农户玉米机收技术采用意愿与行为影响；其次，分析同伴效应在技术认知及宜粒收品种选择影响农户技术采用的作用机制，以揭示农户技术采用的主要机制；再次，评价农户玉米机收技术采用的经济效应；最后，针对我国农业经营的小农户属性，基于同伴效应在创新扩散过程中发挥的作用，结合河北省成安县粒收技术变迁典型案例，分析了公益性农技推广机构与市场性农技服务主体对农户向粒收技术变迁的影响核心逻辑与路径，为推动技术变迁提供路径参考。

▶ 2.5 本章小结

本章首先对农业技术变迁及玉米机械收获技术等核心概念进行了界定，以明确研究范围及界限；其次，阐释本书所需要的相关理论，主要包括创新扩散理论、诱致性技术变迁理论、农户行为理论，并对本书主要内容进行理论分析与提出研究假说；最后，构建了本书的理论分析框架，为后续章节的研究提供理论支撑。主要结论如下：

（1）农业技术变迁是指用生产率及资源利用率更高的先进技术替代同环节具有相同功能生产率及资源利用率低的落后技术。本书中技术变迁主要以穗收向粒收技术变迁为例；玉米机械收获是指运用收获机械替代劳动力来完成玉米果穗采摘、剥皮、脱粒、清选、秸秆还田等作业的技术。

（2）创新扩散理论主要用于农业技术变迁影响分析提供支撑；诱致性技术变迁理论主要用于分析玉米机收技术变迁的诱因，及为农业技术变迁路径提供理论依据；农户行为理论主要用于判断农户农业技术采用决策的行为动机，虽然众多学派对农户行为有着不同的理论，但在本研究中主要假定农户的选择决策行为是理性的，其决策始终是以利润或效用最大化为目标。

（3）本书构建理论分析框架，分析了农户技术认知、同伴效应及宜粒收品种选择对农户技术采用意愿与行为的影响；检验了同伴效应在技术认知及宜粒收品种选择对农户技术采用行为的作用机制；评价了农户技术采用的经济效应；基于同伴效应对河北省成安县粒收技术变迁路径进行了案例分析。

第3章

玉米机收技术特征
与国内外变迁历程

　　1959年，毛泽东提出了"农业的根本出路在于机械化"的著名论断（中共中央文献研究室，1999），为我国农业朝向机械化发展指明了方向。从我国60余载的农业机械化发展历程看，农业机械化在提高农业生产力水平，释放农村劳动力红利，促进农业农村发展方面发挥了重要作用。农业机械化在我国玉米产业发展过程中也发挥了重要作用。具体而言，收获是玉米生产过程中最耗费时间和劳动力的环节，具有较强的季节性及时效性，人工劳动强度大且投入多，人工投入约占整个玉米生产环节中的50%~60%（李少昆等，2020）。在玉米机收技术引进前，我国玉米收获主要以人工来完成摘穗、剥皮、脱粒等作业环节，不仅耗费大量的劳动力、增加农民的劳动强度，且延长了玉米收获期，若收获期遇到大风、暴雨、降雪等极端天气将极大影响玉米品质、降低玉米产量。而玉米机收技术的出现与应用为解决以上难题提供了可行途径。玉米机收技术可以完成果穗采摘、剥皮、脱粒及秸秆处理等多个生产环节（胡公理等，2005），为有效提高玉米收获时效及生产效率提供了关键技术支撑。依据机械动力型划分，玉米收获机械主要包括牵引式、背负式、自走式三种类型；依据收获模式可分为谷物与玉米互换割台式、穗颈兼收型、籽粒直收型玉米收获机械（陈志等，2012）。就当前玉米机收技术的应用情况来看，主要分为玉米穗收和粒收两大类机械技术，这也是本书重点关注的两项机收技术。

从我国玉米收获的两类机械技术来看，穗收技术应用较为广泛，为目前主要的收获技术，但由于该项技术作业环节较多，收穗后仍需后期果穗去皮、晾晒及脱粒等多个环节，使得玉米收获环节劳动及成本投入居高不下，不仅阻碍了玉米实现全程机械化，而且使得我国玉米生产呈现高成本低收益特征。而且随着城镇化进程的不断加快，农村劳动力不断转移及老龄化进程加快，穗收技术在收获后仍需大量劳动力投入来完成玉米晾晒、脱粒等环节的技术不适应性日益显现。而粒收技术得益于一次性完成玉米收穗、脱粒等环节，相较穗收而言更具省时省力、节本增效等特征，但该项技术在我国推广应用范围仍较小，玉米穗收向粒收技术变迁进程缓慢。针对我国目前玉米收获环节穗收与粒收两项技术并存，但技术应用率却存在明显差异背景下，有必要梳理玉米机收技术变迁历程，总结技术变迁历史规律及其他国家变迁经验，为推动我国玉米机收技术变迁提供历史与经验借鉴。

基于此，本章首先将对玉米穗收及粒收技术内涵与特征进行介绍，以期掌握两项技术的基本特征，为后续技术变迁历程梳理奠定基础；其次，基于调研数据分析农户玉米机收技术采用现状，以了解我国农户机收技术实际应用情况；最后，梳理玉米机收技术变迁历程，并通过梳理美国粒收技术变迁历程，总结其变迁经验，为我国玉米收获向粒收技术变迁提供启示，通过本章分析为后续研究提供背景与依据。

3.1　玉米机收技术内涵与特征

3.1.1　穗收技术内涵与特征

1. 技术内涵

穗收技术是当前我国玉米收获最主要的机械化方式（Yang，2016），是完成玉米果穗采摘、剥皮、收集等环节的作业技术，收获后的玉米果穗需运输到晾晒场进行晾晒，以降低玉米籽粒含水率，之后使用玉米脱粒机进行脱粒作业，最终完成玉米销售（王永刚等，2018）。具体而言，如图 3-1 所示，该项技术首先运用穗收机械完成玉米果穗采摘、剥皮及收集作业环节，此时玉米收获作业已完成，但对于整个玉米收获环节而言仍未结束，收获后的玉米果穗需运输到晾晒场进行晾晒，这一过程中需投入一定的人工来使收获后的玉米果穗更好地脱水，以达到脱粒要求，之后需要运用脱粒机械对玉米果穗进行脱粒。虽然当前已有部分农户选择直接销售玉米果穗，但相较于销售玉米籽粒收益仍存在一定差距，玉米籽粒仍是我国玉米销售的主要形式，调研数据显示样本区域销售玉米籽粒的农户比重达 78.9%，而销售玉米果穗比例仅 16.7%。从作业流程来看，穗收技术仅完成了玉米收获的部分环节，收获后仍需投入人工与机械才能进行玉米售卖。

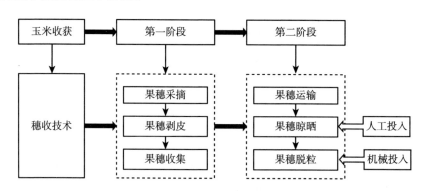

图 3-1　穗收技术作业流程

2. 作业标准

针对穗收技术作业标准，中国机械工业联合会于 2008 年提出的《玉米机收技术条件》（GB/T 21962—2008）规定：穗收技术的适宜作业条件为籽粒含水率 25.0%~35.0%、植株倒伏率低于 5.0%、果穗下垂率低于 15.0%；其收获的各项指标应符合总损失率在 4.0% 以内、籽粒破碎率在 1.0% 以内、果穗含杂质率在 1.5% 以内，苞叶剥净率在 85.0% 以上。根据 2021 年《农业农村部农业机械化管理司关于印发粮食作物机械化收获减损技术指导意见的函》，穗收技术作业适宜种植中晚熟品种、播种期晚及籽粒含水率在 25.0% 以上的地块，并指出穗收技术作业质量标准应将总损失率控制在 3.5% 以内，籽粒破碎率控制在 0.8% 以内，果穗含杂质率控制在 1.0% 以内，苞叶剥净率在 85.0% 以上。对比两项技术标准可以看出，随着农业科学技术的不断进步，对穗收技术作业的标准也在不断提高，具体而言，总损失率降低了 0.5 个百分点，籽粒破碎率降低了 0.2 个百分点，果穗含杂质率降低了 0.5 个百分点，苞叶剥净率标准没有变化。

3. 作业效果

穗收技术作业效果的衡量主要以果穗损失及损伤为标准，特别是下垂果穗和倒伏秸秆上的果穗摘取率及果穗损失率，其中丢果穗、断果穗及果穗破碎是其收获作业损失的主要来源（崔涛，2019）。该项技术已经较为成熟，收获时对玉米籽粒含水率、收获时期等要求相对较低，然而考虑到玉米收获果穗后，仍需要储运、晾晒、脱粒等多个环节，仍存在收获成本高、费时费工、玉米贮存损失、霉变等问题。

3.1.2　粒收技术内涵与特征

1. 技术内涵

粒收技术可以一次性完成玉米摘穗、脱粒、清选、收集等作业环节，收获后的籽粒可以直接进行销售，或是通过烘干设备烘干后进行贮存，以实现待价而沽。如图 3 - 2 所示，粒收技术在第一阶段收获时可以完成玉米籽粒收获，以达到售卖标准；第二阶段主要为玉米籽粒售卖或烘干，通过烘干后既可以直接贮存，又可以提高玉米籽粒品质。该技术于 2018 年、2019 年被农业农村部列为十大引领性技术之一，是典型的玉米收获方式之一，也是我国玉米产业发展的重大技术变革与发展方向（李少昆，

2016）。与穗收技术不同的是粒收作为一项集成技术，其应用对收获机械、玉米品种、烘干设备均具有较高的要求，其中，玉米品种的含水率是影响该技术应用效果的关键因素（李少昆，2017a）。此收获方式可以减少果穗运输、晾晒及脱粒等作业环节，有效降低了玉米收获环节劳动力及成本投入，并且可以降低果穗晾晒、脱粒等过程中的玉米籽粒霉变及损失（薛军，2020）。

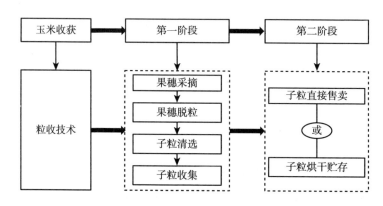

图 3 - 2 粒收技术作业流程

2. 作业标准

针对粒收技术作业标准，《玉米机收技术条件》（GB/T 21962—2008）规定：粒收技术作业适宜条件为籽粒含水率在 15.0%~25.0%、玉米植株倒伏率低于 5.0%（与穗收技术要求标准一致）、果穗下垂率低于 15.0%；其收获的各项指标应符合总损失率在 5.0% 以内、籽粒破碎率在 5.0% 以内、籽粒含杂质率在 1.5% 以内，苞叶剥净率在 85.0% 以上。根据 2021 年《农业农村部农业机械化管理司关于印发粮食作物机械化收获减损技术指导意见的函》，粒收技术作业适宜种植早熟品种及籽粒含水率在 25.0% 的地块，并指出其作业质量标准应将总损失率控制在 4.0% 以内，籽粒破碎率控制在 5.0% 以内，籽粒含杂质率控制在 2.5% 以内。对比两项技术标准可以看出，现行标准对玉米粒收质量的总损失率标准变化幅度较小，总损失率降低了 1.0 个百分点，籽粒破碎率标准未发生变化，果穗含杂质率标准有所降低，降低了 1.0 个百分点。

3. 作业效果

国内现有对粒收技术效果及质量评价主要围绕收获时玉米籽粒破碎率、损失率及杂质率三个指标，并针对不同籽粒含水率对比了粒收技术作业效果。对作业效果的评价主要依据玉米粒收技术试验示范结果来界定。现有研究已对粒收技术进行了大量的试验示范，区域涵盖新疆、辽宁、吉林、黑龙江、内蒙古、河南、河北、江苏、安徽、北京、天津、山西、四川等省（自治区、直辖市），试验示范具体结果如表 3-1 所示，总体来看，我国玉米粒收技术效果较好，收获时籽粒平均含水率为 25.81%，略高于 25% 的国家标准；平均籽粒破碎率为 7.95%，高于 5% 的国家标准；平均杂质率为 1.44%，低于 2.5% 的国家标准；平均总损失率为 3.43%，低于 4.0% 的国家标准。因此，从试验示范效果来看，我国粒收技术较为成熟，除杂质率略高于国家技术标准外，其余各项指标均符合国家技术标准，这也证明该项技术已较为成熟，能达到预期的技术效果。

从各个区域试验示范效果来看，北京密云区、新疆部分地区、辽宁铁岭、沈北新区及天津武清区收获时玉米籽粒含水率低于 25% 的国家标准，其他各区域收获时籽粒含水率均高于国家标准，其中河北邯郸、衡水等区域收获时籽粒含水率最高为 28.69%，比国家标准高 3.69 个百分点；从籽粒破碎率来看，仅天津武清区试验测得的破碎率低于国家标准，其余各区域均高于国家标准，特别是河北、江苏、辽宁部分地区破碎率高于 10%，籽粒破碎情况较为严重；就籽粒杂质率来看，各区域试验示范效果较好，除安徽皖北地区，其余各区域杂质率均低于国家标准；就总损失率来看，江苏、内蒙古、四川、吉林部分地区损失率略高于国家标准，其余各区域均低于国家标准。综合上述结果来看，我国粒收技术效果整体较好，大部分地区收获时籽粒含水率、破碎率、杂质率及总损失率符合国家标准。

表 3 - 1 各区域粒收技术试验示范效果

时间	省份	具体区域	试验结果（%）				数据来源
			含水率	破碎率	杂质率	总损失率	
2014 ~ 2017 年	河北	邯郸、衡水、石家庄、沧州、邢台	28.69	10.19	1.99	3.55	李少昆等（2019b）
2013 ~ 2017 年	黑龙江	肇东、兰西县、绥棱县、和平牧场、龙江县、龙凤区、肇州县、双城区、友谊农场、新华农场	27.94	7.52	1.15	0.76	李少昆（2019a）
2014 ~ 2017 年	安徽	皖北地区	27.73	9.12	3.37	1.74	王克如等（2018b）
2018 ~ 2020 年	山西	长子县、榆次区	27.64	5.50	2.71	4.75	阎晓光等（2022）
2015 ~ 2017 年	江苏	大丰区、赣榆区	27.04	11.78	0.86	9.46	王克如等（2018a）
2013 ~ 2017 年	内蒙古	开鲁县、科尔沁区、松山区、翁牛特旗、土默特右旗	26.78	9.89	0.73	5.77	李少昆等（2018a）
2015 ~ 2017 年	河南	武陟、滑县、济源、南阳、兰考、漯河、柘城、沁阳、商水、博爱、临颍、洛阳	26.68	8.89	1.51	0.70	高尚等（2019）
2013 ~ 2017 年	吉林	公主岭、梨树、榆树、伊通、德惠、昌邑区	26.55	6.40	1.05	4.47	李少昆等（2018c）
2017 ~ 2019 年	四川	中江县	26.26	5.63	2.39	4.76	孔凡磊等（2020）
2014 ~ 2016 年	北京	密云区	24.15	8.81	1.25	1.10	李少昆（2018b）
2012 ~ 2017 年	新疆	奇台总场、伊犁、伊宁县、哈日布呼镇、塔秀乡	23.30	6.38	0.41	0.96	李少昆等（2018f）
2015 ~ 2017 年	辽宁	蔡牛镇、沈北新区、海城	22.50	11.38	0.70	3.93	李少昆等（2018d）
2015 ~ 2018 年	天津	武清区	20.30	1.90	0.60	2.70	薛军等（2019）
平均值			25.81	7.95	1.44	3.43	

注：试验区域依据含水率从高到低排序。

4. 粒收技术推动玉米产业发展趋势

尽管粒收技术在我国仍处于推广试验阶段，应用率仍然处于较低水平，目前仅在新疆和黑龙江地区实现了一定面积的推广应用，山东、河南、吉林、辽宁、河北等地区也有所应用，但应用率仍然较低（王克如等，2017）。但随着该项技术的不断推广应用，将推动玉米产业发生变革（李少昆，2016）。具体而言，一方面该项技术可以推动玉米朝向密植化发展，提高单位面积土地玉米产出。即籽粒直接收获的方式既可以大幅提高玉米收获效率，又可以减少玉米收获环节劳动投入及成本投入。依据中国农业科学院作科所作物栽培与生理创新团队提供的东北玉米产区密植高产精准调控模式与传统农户生产模式下玉米生产对比试验数据，相较于传统农户生产模式，密植高产精准调控模式下玉米种植株数可提高约 2000 株/亩，达到 5500～6500 株/亩；单产可提高 400 斤/亩，达到 1400 斤/亩以上；而亩均收获费用并未提高，粒收亩均投入为 60 元/亩，与穗收费用基本一致，但相较于穗收可节省雇工辅助收获费用约 15 元/亩。另一方面该项技术可以通过促进玉米收后烘干贮存等方式大幅提高玉米品质，带动玉米加工产业发展。农业农村部公布数据显示，多地试验示范效果表明粒收比穗收技术作业降低粮损 6% 左右，提升玉米品质等级 I 级以上。[①] 以上分析证实推动玉米收获向粒收技术变迁是推动我国玉米产业转型升级与提质增效的必经途径。

3.1.3 穗收与粒收技术特征与效果对比

结合上述对穗收与粒收技术内涵、作业特征及作业效果等分析，本节主要对两项技术的以上特征进行对比，以找出两项技术的差异。

---

① 农业农村部. 我国玉米籽粒收获机械技术应用取得显著效果［EB/OL］.（2020 – 10 – 11）. https：//news. cctv. com/2020/10/11/ARTIphyhh9SQ12Ofr1ohDDJa201011. shtml.

1. 技术特征对比

穗收与粒收技术作业特征最明显的差异在于收获的玉米形式不同，穗收技术以果穗收获为主，而粒收以籽粒收获为主；收获玉米形式不同决定了二者在收获效率上的差异。其中，穗收后仍需要果穗的人工晾晒及脱粒环节，增加了人工与机械投入，而粒收后的玉米籽粒可以直接进行销售或烘干贮存，相较而言作业工序更为简单，作业效率相对更高。

2. 作业标准对比

作业标准对比依据2021年《农业农村部农业机械化管理司关于印发粮食作物机械化收获减损技术指导意见的函》公布的标准。在种植品种选择上，穗收技术适宜中晚熟品种，粒收技术适宜早熟品种，而受我国玉米品种培育主要以延长生育期实现产量提高的路径影响，农民主要种植中晚熟品种，在一定程度上影响粒收技术的变迁，这也表明在由穗收向粒收技术变迁过程中，需更换玉米品种以适配技术；在对收获时玉米含水率的要求上，粒收技术由于收获时直接脱粒作业特征，作业时要求更低的籽粒含水率，而穗收技术可以在果穗晾晒后再进行脱粒，对收获时果穗含水率要求不高；在收获指标上，粒收技术总损失率、籽粒破碎率分别比穗收技术作业标准多1个、4个百分点左右，而穗收技术总损失率、籽粒破碎率未考虑收获后贮存损失及后续脱粒籽粒破碎率；由于两项技术杂质率计算方式存在差异，指标不具有可对比性。

3. 技术作业效果

两项技术作业效果评价因收获方式存在一定的差异，评价指标略有差异。其中，穗收技术主要以果穗损失及损伤为标准；而粒收技术主要以收获时玉米籽粒破碎率、损失率及杂质率为衡量标准。但从经济效应来看，农业农村部公布结果显示多地试验示范效果表明玉米粒收比穗收技术节约成本 15%，降低粮损 6% 左右，提升品质等级Ⅰ级以上，亩均节本增效 150 元左右。[①]。这表明粒收相对于穗收技术而言，具有节本增效特征，且有利于玉米品质提升，从而提升我国玉米产业发展水平，但对于农户实际应用的经济效应在第 6 章进行评价。

 ## 3.2 农户玉米生产及机收技术采用现状分析

3.2.1 数据来源

本书所用数据来源于 2022 年 6 月至 8 月在河北、辽宁、黑龙江、山东四省展开的农户调研，调研区域涵盖 16 个县（市）、31 个乡（镇）、64 个行政村。调研地区是我国玉米主产省份，2021 年四省玉米产量之和占全国总产量的 72.40%[②]，能较好地反映全国玉米生产情况。此外，调研区域主要为粒收技术试验示范区域，能较好地反映我国玉米粒收技术的变迁情况。调研以随机抽样作为样本选择的根本原则，并结合分层抽样原则，共获得 682 份农户问卷、74 份村庄问卷。剔除数据缺失较多的样本后，有效农户问卷 649 份、村庄问卷 64 份，问卷有效率分别为 95.2%、86.5%。由于本书主要聚焦玉米实际种植户的粒收技术变迁行为，故剔除未种植玉米农户样本 128 个，最终有效样本 521 个。其中，河北、辽宁、黑龙江、山东调研农户数量分别为 209 个、106 个、126 个、80 个，分别占样本总量的 40.12%、20.35%、24.18%、15.36%，样本分布相对均衡。调研问卷主要包括农户和村调研两个部分，其中农户问卷主要包含农户基本特征、玉米生产情况、玉米品种使用情况及农户技术认知、采用意愿及行为等方面；村问卷主要包括村基本情况、农业生

---

① 农业农村部. 我国玉米籽粒收获机械技术应用取得显著效果［EB/OL］．（2020－10－11）．https：//news. cctv. com/2020/10/11/ARTIphyhh9SQ12Ofr1ohDDJa201011. shtml.

② 资料来源：国家统计局。

产情况、玉米机收技术应用情况等。后续章节所用数据均来源于此次调研，问卷内容详见附录 A 和附录 B。

3.2.2 调研区域农户基本特征

农户基本特征如表 3 - 2 所示：户主年龄主要分布在 40 ~ 60 岁，平均年龄为 47.79 岁，其中，年龄在 30 岁及以下户主占比为 7.29%，年龄在 31 ~ 40 岁户主占比为 19.19%，年龄在 41 ~ 50 岁户主占比为 31.09%，年龄在 50 ~ 60 岁户主占比为 30.33%，年龄在 60 岁以上户主占比相对较少为 12.09%；户主平均受教育年限为 9.71 年，平均教育水平在初中以上；户主是村干部的比例为 13.05%；35.12% 的户主接受过农业培训；户主年务工天数平均为 60.20 天，表明农村劳动力逐渐呈现出兼业化趋势，务工小于半年的比例为 79.65%，表明从事农业生产的农户虽会选择兼业以增加家庭收入，但仍以农业生产为主。家庭人均年收入平均为 1.91 万元，略高于 2021 年全国农村人均可支配收入 1.89 万元[①]，人均年收入以 1 ~ 5 万元为主，占比为 68.33%，人均年收入小于 1 万元的比例为 26.10%，占比也相对较高，人均年收入在 5 ~ 10 万元及 10 万元以上的比例相对较低，占比分别为 4.41%、1.15%；玉米种植面积平均为 48.04 亩，农户种植规模相对较大，主要是因为调研区域为玉米主产区，农户种植面积相对较大，特别是黑龙江、辽宁两省地域辽阔，户均耕地面积相对较大，但从种植面积分布来看，农户玉米种植面积以小于 15 亩为主，占比为 61.42%，符合我国大多数农户以小规模种植为主的现状；玉米种植面积 15 ~ 50 亩的比例也较高，为 16.51%；50 ~ 100 亩比例为 6.33%，100 ~ 200 亩比例为 8.83%，而仅 6.91% 的农户玉米种植面积在 200 亩以上。

---

① 资料来源：《中国统计年鉴（2022）》。

表 3 – 2　　　　　　　　　　　　描述性统计分析

变量名称	问卷选项	变量赋值或单位	均值	标准差	最小值	最大值	比例（%）
性别	男	1 = 男，0 = 女	0.81	0.39	0.00	1.00	81.19
	女						18.81
年龄	30 岁及以下	连续变量（周岁）	47.79	11.53	17.00	78.00	7.29
	31 ~ 40 岁						19.19
	41 ~ 50 岁						31.09
	51 ~ 60 岁						30.33
	60 岁以上						12.09
受教育年限		年	9.71	2.47	2.00	16.00	—
是否是村干部	是	1 = 是，0 = 否	0.13	0.34	0.00	1.00	13.05
	否						86.95
是否参加过农业培训	是	1 = 是，0 = 否	0.35	0.48	0.00	1.00	35.12
	否						64.88
外出务工天数	小于半年	连续变量（天）	60.20	109.84	0.00	365.00	79.65
	半年及以上						20.35
家庭人均年收入	小于 1 万元	连续变量（万元）	1.91	2.14	0.02	28.33	26.10
	1 万 ~ 5 万元						68.33
	5 万 ~ 10 万元						4.41
	10 万元以上						1.15
玉米种植面积	小于 15 亩	连续变量（亩）	48.04	102.56	0.20	1000.00	61.42
	15 ~ 50 亩						16.51
	50 ~ 100 亩						6.33
	100 ~ 200 亩						8.83
	200 亩以上						6.91
样本量			521				

3.2.3　农户玉米生产经营现状分析

我国玉米种植依据各区域资源禀赋优势与自然气候条件差异，形成了北方春玉米区（黑龙江、吉林、辽宁、内蒙古、宁夏、甘肃、新疆）、黄淮海夏玉米区（山东、河南、天津、河北、北京大部、山西、江苏、陕西中南部、安徽黄河以北区域）、西南玉米区（四川、重庆、贵州、云南、广西、湖北、湖南西部）三大区域。调研区域主要为北方春玉米区与黄淮海夏玉米区，其中北方春玉米区的辽宁、黑龙江玉米以单季种植为主，黄淮海夏玉米区的河北、山东以玉米、小麦两季种植为主，种植制度不同导致各区域玉米生产存在玉米生育期、品种选择及技术应用等多方面差异。本节主要对农户总体样本及不同省份玉米生产成本收益和销售情况进行分析，以为后续评价农户玉米机收技术采用经济效应奠定基础。

对农户玉米生产成本收益现状的分析主要选取玉米种植面积、单产、产值、净收益及投入成本等指标。如表 3 - 3 所示，就玉米种植面积而言，农户玉米平均种植面积为 48.04 亩，其中，黑龙江省玉米平均种植面积最大，为 92.34 亩；辽宁省玉米平均种植面积略低于黑龙江省，为 83.88 亩；河北省玉米平均种植面积远低于其他两省，为 18.03 亩；山东省玉米平均种植面积最小，为 9.18 亩。就玉米单产而言，农户玉米平均单产为 1232.34 斤/亩；其中，辽宁省玉米平均单产最高，为 1438.51 斤/亩，主要原因可能在于辽宁省玉米为单季种植，玉米生长期相对较长，且相对于黑龙江省积温更高，利于玉米生长发育；黑龙江省玉米平均单产为 1259.12 斤/亩，略高于河北省的 1205.36 斤/亩；山东省玉米平均单产最低，为 987.50 斤/亩。就玉米亩均产值而言，农户玉米亩均产值为 1336.13 元；辽宁省玉米亩均产值最高，为 1499.97 元，其次为河北省的 1393.75 元；黑龙江省与山东省玉米亩均产值近乎一致，分别为 1199.38 元、1183.91 元；就玉米亩均净收益而言，农户亩均净收益为 862.63 元；辽宁省亩均净收益最高，为 1058.89 元，其次为河北省的 873.00 元；黑龙江省亩均净收益略低于河北省，为 823.75 元，最低为山东省的 636.71 元。就玉米亩均成本投入而言，样本区域亩均成本投入为 473.51 元；山东省亩均成本投入最高，为 547.20 元，其次为河北省的 520.75 元；辽宁省为 441.08 元；黑龙江省亩均成本投入最低，为 375.63 元。据笔者调研了解河北省与山东省主要为玉米小麦两季种植，玉米生育期相对较短，需进行 1~2 次灌溉，导致玉米生产成本升高。依据以上分析可以发现，虽然辽宁省、黑龙江省玉米单产相较于河北省和山东省更高，玉米亩均投入成本相较于河北省和山东省更低，但亩均产值与净收益却未呈现出较为明显的单产优势。这可能与当地玉米生产气候条件寒冷有关，玉米品质相对河北省和山东省更差，导致农户出售的玉米价格偏低。从农户玉米平均销售价格来看，河北省与山东省玉米平均售价较高，分别为 1.16 元/斤与 1.19 元/斤；而辽宁省和黑龙江省玉米平均售价略低，分别为 1.09 元/斤、0.95 元/斤。这也证实玉米售价偏低是导致辽宁省和黑龙江省玉米亩均产值与净收益低的主要因素。

表 3-3　　　　　　　　农户玉米生产成本收益情况

分类	种植面积（亩）	单产（斤/亩）	产值（元/亩）	净收益（元/亩）	投入（元/亩）
全部样本	48.04	1232.34	1336.13	862.63	473.51
河北	18.03	1205.36	1393.75	873.00	520.75
辽宁	83.88	1438.51	1499.97	1058.89	441.08
黑龙江	92.34	1259.12	1199.38	823.75	375.63
山东	9.18	987.50	1183.91	636.71	547.20

本节在分析农户玉米生产成本收益基础上，进一步分析了样本区域及各省农户玉米销售现状。一方面，通过分析农户玉米销售形式，了解粒收技术对我国农户玉米销售的适用性；另一方面，通过分析农户销售玉米的主要渠道，了解粒收技术后的玉米烘干责任主体。

首先，根据我国农户玉米实际销售情况将玉米销售形式分为销售玉米籽粒、果穗、鲜玉米三种，同时考虑到部分农户可能未销售玉米，还加入了未销售选项。结果如图 3-3 所示，玉米籽粒仍是我国农户销售玉米的主要形式，销售玉米籽粒的农户比重达 78.89%，其中，黑龙江省销售玉米籽粒比重最高为93.65%；辽宁省、山东省、河北省销售玉米籽粒的比重依次为86.79%、80.00%、65.55%；以玉米果穗、鲜玉米等形式的比重仍保持较低水平，仅河北省销售玉米果穗比重较高，达34.45%。值得注意的是部分地区农户仍未销售玉米，如山东省、辽宁省和河北省，未销售玉米比重依次为13.75%、11.32%和10.05%，黑龙江省也有部分农户未销售玉米，比重为2.38%；此部分农户未销售玉米的原因可能在于以下两个方面：一是待价而沽，即农户会留存玉米等待期望的价格再进行出售；二是留玉米自用，如用作畜禽饲料等。依据上述分析可知，受我国农户销售习惯以及玉米收购习惯影响，玉米销售仍以籽粒形式为主，即玉米收获后完成脱粒环节才能达到销售条件，故推动玉米收获由穗收向粒收技术变迁利于农户进行玉米售卖，节省玉米收获后脱粒环节。

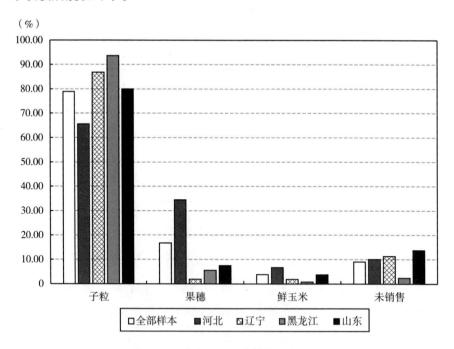

图3-3　农户不同玉米销售形式占比

其次，将农户销售玉米的主要渠道分为订单企业、农业合作社、收购站、粮贩及其他。结果如图3-4所示，粮贩仍是我国农户销售玉米的主要渠道，农户将玉米销售给粮贩的比重达 63.92%，辽宁省、黑龙江省比重较高，分别为 71.70%、71.43%；河北省和山东省比例相对较低，仅一半以上农户选择将玉米销售给粮贩。粮食收购站是我国农户选择销售玉米的第二大渠道，农户将玉米销售给粮食收购站的比重达 32.05%，河北省、山东省、黑龙江省和辽宁省比重依次为 42.58%、30.00%、16.98% 和 16.98%；通过订单企业销售玉米的农户比重均保持较低水平，均在 5% 以下；通过农业合作社销售玉米比重也相对较低，仅山东省农户比重超过了 10%，其余均低于 10%。依据上述分析可以发现，我国农户玉米销售渠道仍较为单一，受农村地区交通不便影响，玉米销售仍以粮贩为主，以粮食收购站为辅，而订单企业及农业合作社等渠道仍未被广大农户所接受。虽然粮贩灵活的收购方式方便了农户销售玉米，满足了农户的玉米销售需求；但是该类主体经营与资金能力相对较弱，较少有粮贩配备烘干设备，以实现玉米籽粒的烘干，这在一定程度上阻碍了农户粒收后玉米籽粒售卖进程。

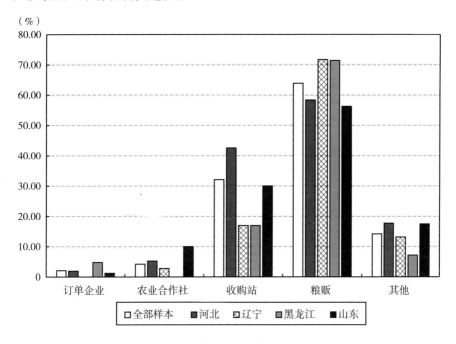

图 3-4　农户不同玉米销售渠道占比

3.2.4 农户玉米机收技术采用现状分析

在上述分析农户玉米生产经营情况基础上，本节进一步分析了农户机收技术采用现状。根据上述对我国玉米机收技术特征及变迁历程阐述可知，当前我国玉米收获主要有三种方式，即人工收穗、穗收技术及粒收，故本节结合调研数据统计分析了当前农户玉米收获采用的主要模式。结果如图 3－5 所示，农户玉米收获模式仍以穗收技术为主，样本区域有70.63％的农户采用穗收技术，与我国穗收技术应用率70％左右一致，表明调研数据较为符合我国玉米收获机械应用现状；分省来看，辽宁省、黑龙江省及河北省穗收技术采用率相对较高，依次为75.47％、75.40％及72.73％，而山东省仅有51.25％农户采用。粒收机械作为一项新型收获技术，农户采用率普遍处于较低水平，样本区域有13.63％的农户采用粒收技术；分省来看，黑龙江省粒收技术应用率最高为26.19％，这主要是因为粒收技术率先在黑龙江省进行试验示范，农户较早接触该项技术，且该省份一年一熟制种植制度也为收获时延长玉米脱水期提供了基础，可以使收获时的玉米籽粒达到技术作业标准；山东省、河北省、辽宁省分别有12.50％、9.09％、8.49％的农户采用粒收技术，与我国粒收技术应用率不足10％近乎一致。从人工收获来看，河北省、山东省、辽宁省均有较高比例农户选择人工收穗，河北省、山东省、辽宁省农户选择人工收穗比重依次为28.71％、40.00％、32.08％，黑龙江省农户比重仅为0.79％；据调研了解农户选择人工收穗主要原因如下：一是山东省、河北省等省份农户玉米种植面积较小，部分农户仅种植几亩地玉米，且大多无玉米收割机，该类农户主要认为"地太少，没有必要雇佣机械，自己掰玉米就可以完成收获"；二是辽宁省、黑龙江省农户仍有留存玉米秸秆作为牛羊等反刍牲畜饲料或家庭燃料的习惯，故会选择部分耕地进行人工收获，避免机械化收获造成玉米秸秆破碎；三是收获期遇极端降雨、大风等天气造成玉米秸秆倒伏严重，故选择人工收获。

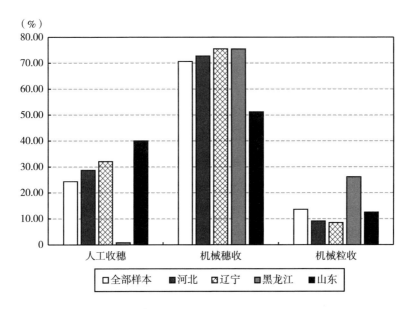

图3－5　农户不同玉米收获方式采用率

下面进一步统计分析农户不同玉米收获方式的应用面积，以了解农户对不同玉米收获方式的偏好。结果如图3－6所示，农户对穗收技术应用面积最大，平均为35.22亩；分省来看，辽宁省和黑龙江省农户应用穗收技术平均面积最大，分别为74.14亩、61.70亩，河北省农户应用穗收技术平均面积为11.76亩，山东省仅为3.26亩。农户粒收技术应用面积也相对较大，样本区域农户应用粒收技术平均面积为11.05亩，远低于穗收技术应用平均面积；分省来看，黑龙江省农户应用粒收技术平均面积最大，为30.97亩，河北省和辽宁省分别为6.10亩、4.81亩，而山东省仅为0.87亩。对于人工收穗而言，样本区域人工收穗平均面积为2.73亩，低于穗收与粒收技术，表明在农村劳动力不断向城镇转移背景下，以及非农工资不断上涨背景下，农户更倾向于用机械技术替代劳动力；山东省、河北省及辽宁省人工收穗平均面积依次为5.01亩、2.51亩、4.65亩，而黑龙江省平均不足一亩。据调研了解山东省出现大面积人工收获的主要原因在于收获期遇到强降雨，玉米遭到雨水浸涝，且倒伏严重，故采用人工收获面积较大。通过对调研区域农户玉米机收技术应用现状分析发现，当前农户玉米收获仍以穗收技术为主，穗收技术应用率仍保持在 70% 以上，而粒收技术应用率仅为 13.63%，表明我国农户玉米机收技术变迁进程仍较为缓慢，仍处于创新扩散的早期阶段。

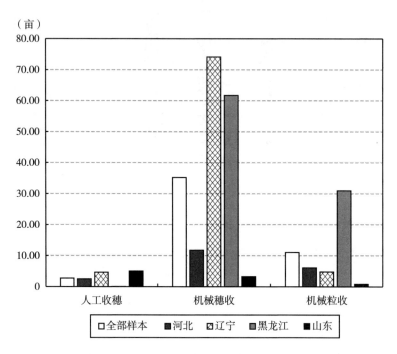

图 3-6　农户不同玉米收获方式采用面积

▶ 3.3　玉米机收技术的起源与发展

　　玉米收获机械出现以前，全球主要以人工进行玉米摘穗、剥皮、晾晒及脱粒，辅以牲畜牵引式小型收获机械来完成收获作业，收获效率不仅极其低下，且劳动投入强度大。随着玉米收获机械的研发及应用，玉米收获效率低下局势得以转变。1886 年，美国俄亥俄州发明了第一台玉米收割机，虽然该收割机功能简单，但相比于人工收获效率大幅提高，标志着玉米收获正式开启了机械化时代（Hitzhusen，1969；Hoof，1972）。1908 年，美国制造了玉米摘穗剥皮机械，该机械相较于玉米收割机功能更加丰富，可一次性完成玉米的摘穗、剥皮等多环节作业。自此，玉米机械化收获时代正式开启。1921 年，澳大利亚的艾伦设计了第一台玉米联合收获机（Yang et al.，2016），该机械增加了脱玉米籽粒功能，可直接在田间完成玉米籽粒收获，玉米粒收技术的探索正式开启。经过多年的技术研发与改进，在1954 年美国迪尔公司制造出第一台两行玉米割台，连接至自走式联合收获机即可完成玉米籽粒收获，这也标志着玉米粒收技术时代的正式开启，经过不断地试验与改进，玉米机械化收获开始在一些欧美发达国家流行开来，至20 世纪50 ~ 60 年代，国外大部分欧美发达国家已经实现了大面积玉米机械化收获，玉米生产效率得到了大幅度提高，农业劳动力得到了大量释放。虽然玉米联合收获机的问世实现了玉米籽粒收获，但以上时期玉米收获仍以穗收技术为主。直至20 世纪60 年代，随着美国研发了能直接收获籽粒的玉米收割机割台，玉米粒收技术才开始流行开来（Yang，2016），并经过不断探索，玉米粒收技术得到了大范围的应用。20 世纪70 年代后美国等国家机械化进入高速发展阶段，玉米收获机械朝向大型化、高效化路径发展，电子、导航、遥感及地理信息系统等先进智能技术也得以运用（耿爱军，2016）。自此，玉米收获由穗收技术为主转向穗收与粒收两种机械技术并用的格局，这不仅极大提升了玉米生产效率，而且降低了玉米收获作业劳动强度与投入。从世界各国收获机械应用情况来看，俄罗斯、乌克兰、东欧、中国等国家玉米收获以穗收技术为主；美国、加拿大、德国、巴西、阿根廷等国家以粒收技术为主。

3.4 我国玉米机收技术变迁历程

我国玉米机械收获起步较晚，发展速度较为缓慢，纵观我国玉米机械收获技术的变迁史，经历了玉米收获机械引进、仿制、研发、自产等漫长而曲折的发展道路。其变迁历程大致分为以下阶段。

第一阶段，中华人民共和国成立初期，玉米收获机械的引进阶段。1949年我国从苏联引进 C-6 牵引式联合收获机和 C-4 自走式联合收获机（耿爱军，2016），标志着我国正式进入玉米机械化收获时代。

第二阶段，20世纪50~60年代，我国开始研制玉米收获机械，此阶段以穗收技术的引进与仿制为主。1955年北京农业机械厂装配完成我国第一台 GT-4.9 型牵引式联合收割机，1965年吉林省农业机械厂成功试制了东风 ZKBD-3 型自走式联合收割机，标志着我国玉米收获机械开启了研制时代。然而受限于技术水平、机械数量等多重因素的影响，该阶段虽然对穗收技术进行了引进与仿制，但并未大面积投入使用（郝付平等，2007）。

第三阶段，20世纪70年代，我国玉米机械收获的高速发展阶段。1971年全国农业机械化会议的召开，掀起了玉米穗收技术推广应用与高潮。该次会议强调要落实毛泽东主席关于"农业的根本出路在于机械化"的指示，加速实现我国农业机械化进程，这为玉米机械化发展营造了良好的政策环境，全国范围内开展了农业机械化运动的浪潮。在经历穗收技术的引进、仿制、改进、研发等多个阶段，我国成功试制了20余种穗收机械（郝付平和陈志，2007），比较有代表性的穗收机械如中国农机院与赵光机械厂于1975年共同研制的 4YW-2 型牵引式卧辊双行玉米摘穗机，该机型具有玉米摘穗、剥皮、果穗收集及茎秆粉碎等功能，并实现了批量投产，累计产量达765台（何瑞银等，2007）；以及丰收-2立式摘穗辊玉米摘穗机，该机型生产了200余台，主要向阿尔巴尼亚进行出口，由于该机型作业易堵塞等问题后续未进行量产（王艳红，2007）。此番机械化发展浪潮极大推动了玉米收获机械化进程。然而此时正处于农业集体化时期，我国农业生产体制以政府或人民公社为主导，土地实行集体所有、集体经营，农地经营规模较大，为大型联合收获机的使用提供了有利条件，推动我国玉米收获机械化迈向高潮，但该时期我国玉米机械化收获水平仍然较低，至 1978 年机收率仅为 3.1%，相较于机耕率的 40.9%、机播率的 10.9% 而言仍存在较大差距。①

　　第四阶段，20 世纪 80 年代，随着家庭联产承包责任制改革的全面推行，农业经营体制发生巨大变动，原集体所有的农机管理与使用均受到较大冲击，农业机械化发展速度放缓（焦长权等，2018）。此外，大规模的集体土地经营模式已成为过去，然而一家一户的农业经营模式下土地经营规模普遍偏小，大型玉米联合收获机与农业小规模生产体制的不适应性凸显，而且此时正处于农业新旧制度动能转换阶段，以国家投资引导机械化发展的动能不断衰弱，而以农民为主进行农机投资的新动能还未发挥作用（路玉彬等，2018），这一系列因素使得玉米收获机械化发展一度陷入低谷。尽管 20 世纪 80 年代中后期玉米机械收获有所恢复，但恢复进程仍较为缓慢。在机械引进与研发方面，这一阶段我国也展开了先进收获机械的引进，如 1984 年四平联合收割机厂从德国引进的 E514 联合收割机；又如 KCKY-6 型玉米联合收获机，该机型由中国农机院与北京市、黑龙江省合作于 1988 年由苏联引进的，可进行摘穗、剥皮、青贮联合作业，但由于机械昂贵并未大面积推广使用（陈志，2012）；此外，这一时期我国也开始探索粒收技术，并在新疆生产建设兵团、黑龙江农垦等地区进行试验，但该时期我国玉米育种主要以高产为目标，采取了高秆稀植大穗、延长生育期等方式，玉米籽粒脱水较慢，使得粒收技术发展受到了限制（李少昆，2018e）。

　　第五阶段，20 世纪 90 年代，在农民对玉米收获机械需求日益增加下，我国玉米机械化收获进程不断加快。一方面劳动力大量转移背景下农村劳动力出现季节性和结构性短缺，导致农村用工成本增加，农民对玉米收获机械需求日趋迫切；另一方面我国掀起玉米收获机械的研制浪潮，多家科研机构参与研制，如中国农机院、各地农机所等单位，至 1997 年全国玉米收获机械产量达 35105 台（耿爱军，2016），而且研发与

---

　　①　农业部农业机械化管理司，中国农业机械工业协会．国内外农业机械化统计资料（1949—2004）［M］．北京：中国农业科学技术出版社，2006.

生产了不同结构形式及马力的玉米收获机械,特别是小型家用玉米收获机械的发展极大推动了我国玉米机械化进程。该阶段代表性机械如4YZ-4型4行自走式玉米联合收获机,由中国农机院与北京联合收割机厂于1990年共同研发,1995年开始生产达150台左右;赵光机械厂生产的丰收牌4YW-2型联合收获机等。这一阶段仍以穗收为主要收获技术,粒收技术仍处于试验阶段,并未得到有效推广与应用。

第六阶段,到21世纪,随着农业科学技术的不断发展与进步,玉米机械收获投资力度不断加大,以及研发机构不断增多,我国玉米机械化发展迎来了高峰。尤其是在2004年开始,我国开始实行农机购置补贴政策,开始对农户及其他从事农业生产主体给予购置农业生产所需农机具补贴,极大推动了农业机械化发展,至2007年我国玉米收获机械化率已超过10%,至今已超过70%,制造与研发玉米收获机型达120余种(郝付平和陈志,2007),标志着我国玉米收获机械研发与制造达到较高水平,有效满足了我国不同区域玉米收获机械的多样化需求。自此,我国基本实现了大范围的应用穗收技术。然而,近年来随着农业技术的不断进步、农业生产方式的不断变革,穗收技术作业效率低、用工投入大、收获作业工序多等问题不断显现,已经成为玉米产业高质高效发展的重要制约。而粒收技术的出现为解决这些问题提供了可行方案,粒收相比穗收技术在我国推广与应用时间相对较晚,直到近十年来才开始被我国农业合作社、家庭农场等新型农业经营主体及部分农户所采用(王克如,2021)。从粒收机械来看,目前主要分为谷物收获机配置玉米收获专用割台式、小麦玉米互换割台式及专用玉米籽粒收获机械等类型。尽管粒收技术在河北、河南、山东、黑龙江、吉林、辽宁、新疆等多个地区开展了试验示范,但粒收技术在我国应用范围仍然较小,仍未被广大农业经营主体所采用。至2015年粒收技术全国占比仍不足5%,仍处于较低比例,主要为新疆、河北、黑龙江3~5积温带、内蒙古东北部等玉米主产区在应用(李少昆,2018e);至今粒收技术变迁进程仍较为缓慢,粒收技术全国占比仍不足10%(Xie,2022)。

▶ 3.5 美国玉米机收技术变迁历程及经验启示

3.5.1 美国玉米机收技术变迁历程

自 20 世纪 50 年代粒收技术面世以来，美国开始在农田中开展粒收技术推广与应用，经过一段时间的探索与试验，粒收技术实现了快速的变迁。根据美国农业部公布的数据，艾奥瓦州、伊利诺伊州、印第安纳州、明尼苏达州等美国玉米主产区玉米籽粒收获面积实现了翻番，粒收机械化率由 1964 年的 24% 增长到 1968 年的 48%（Hoof，1972），之后粒收技术逐渐在全国范围内实现了推广应用。尽管美国粒收技术实现了快速的推广应用，但其过程中并非是一帆风顺的。在粒收技术应用初期，因收获时玉米籽粒含水率要求较为严格在 20% 左右，且收获机械转速较低，粒收技术作业效果较好，籽粒破碎率相对较低，为粒收技术的应用奠定了基础。而随着粒收技术的不断升级改造及烘干设备的配套，收获时玉米籽粒含水率适用范围扩大至 20%~35%，收获时玉米籽粒的高含水率及收获机械的高转速导致玉米籽粒损伤增加、破碎率增高，这一问题已经导致美国玉米品质等级严重下降，大幅降低玉米出口贸易竞争力，不仅威胁了美国在国际玉米市场贸易地位，而且造成农民种粮收益急剧下滑（Waelti，1967；Hill et al.，1981）。籽粒破碎也造成了烘干成本的大幅增加，进一步压缩了农民玉米种植收益。针对以上问题，美国开展了大量研究，主要围绕粒收技术改进及玉米品种改良展开，随着大型玉米联合收获机的不断研发与改进，及早熟脱水快的适宜粒收品种的研发配套，该类问题逐渐得以解决，极大地推动了粒收技术的发展（李少昆，2018e；郭银巧，2021）。当前，美国粒收技术已较为成熟，且实现了适宜品种配套，据我国学者于 2010 年对美国玉米产业发展考察来看，伊利诺伊州和艾奥瓦州玉米品种选择以具有早熟、高产、耐密植、抗性强、成熟期脱水快等特性为主，收获期玉米籽粒含水率可降至 15% ~ 20%，为粒收机械作业提供了有利条件。以上两个州采用大型联合机械直接收获玉米籽粒，可同时实现 8 行玉米作业，极大提高了收获效率，且粒收技术效果较好，玉米籽粒损失率为 3% ~ 4%（赵明等，2011）。

除粒收技术与适宜品种的不断研发与改进促进了该项技术推广与应用外，一年一熟制、大规模的种植方式及健全的农技服务体系也为技术推广与应用提供了有利条件。具体而言，一是大面积、连片式的种植方式为粒收技术应用提供了规模条件。据黑龙江省玉米收获机械化考察团考察的四户农户情况发现，农户玉米种植面积为 2000 ~ 4200 亩（黑龙江省赴美国玉米收获机械化技术考察团，1985），其规模化经营不仅有助于粒收机械大面积作业，节约机械作业成本，且借助于经营规模优势完成了烘干设备配套，解决了收获后玉米储存问题。二是一年一熟制种植方式，以及标准化、规范化的种植模式为粒收技术应用提供了制度条件。一年一熟制种植方式增加了玉米收获脱水期，可在玉米籽粒含水率较低时进行收获，提高了粒收技术适用性；而且美国玉米种植行距较为标准，提高了玉米收获机械的通用性和适用性。国家玉米产业技术体系栽培与土肥和农机两个研究室于 2010 年在美国对伊利诺伊州和艾奥瓦州 5 个农场的玉米考察发现绝大部分农场玉米播种采用 76 厘米等行距播种（赵明，2011）。三是农技服务体系较为健全，为宜粒收品种配套提供了条件。美国玉米种子选育与生产始终以农民需求为导向，对用种农户提供全方位的质量管理与技术控制，以及时反馈种子生产表现及存在问题，从而改进玉米种子并完善相应技术服务，这为向农户推介良种提供了技术基础。美国主推具有矮秆、早熟、耐密植、高产、综合抗性强等特性的种子，该种子具有脱水快等特点，适合玉米粒收技术（赵明，2011）。

在美国玉米粒收技术成功推广应用后，玉米产业发展也迎来了一波新高峰。具体而言，一方面粒收技术的推广与应用推动了玉米产业密植化发展，推动玉米产能提高。从美国玉米种植密度来看，亩均种植密度快速提升，从 1957 年的 1500 ~ 2667 株增长到 1977 年的 3160 株左右，至

20 世纪 80 年代末已增加到 3333～4000 株，这一变化过程中玉米品种培育及改良起到了重要作用（陈国平，1992），且玉米收获向粒收技术变迁后，玉米品种朝向早熟、密植、高产路径演变，收获机械效率增高也为密植化、等行距规范化种植发展提供了有利条件（赵明，2011）。另一方面玉米粒收技术应用带来的烘干设备配套推动了玉米品质提升，增强了玉米产业国际竞争力。美国谷物理事会抽取 12 个玉米主产及出口地区的 610 份玉米样本，发现样本玉米的平均总体品质高于美国 I 级玉米的定等要求，符合美国 I 级玉米品质要求的样本达 90%，而符合美国 II 级玉米品质要求的样本高达 98%；98.9% 以上的样本的黄曲霉毒素检测水平符合美国食品药品监督管理局（FDA）规定的十亿分之二十的行动水平①。其玉米品质的大幅提升离不开粒收技术的推广与应用，以及粒收技术应用后随之配套的烘干设备。

3.5.2　美国玉米机收技术变迁的经验与启示

美国作为世界最大的玉米生产国，已实现玉米全程机械化，由穗收向粒收技术变迁仅用了 20 余年时间，至 20 世纪 70 年代就已全面实现玉米机械粒收（Hoof，1972；Yang et al.，2016），仅有少部分农户和种子公司采用穗收技术，但收获面积仅占 10% 左右（黑龙江省赴美国玉米收获机械化技术考察团，1985），且美国玉米机械粒收技术的快速变迁为玉米产业带来了新的发展动力，不仅推动了玉米朝向密植化发展，提高了玉米产能，且烘干设备的配套与普及也大幅提高了玉米品质，增强了玉米国际竞争力。而我国从 20 世纪 80 年代引进粒收技术开始，至今已 40 余年，仍未实现粒收技术的广泛应用，同作为玉米生产大国，我国玉米粒收技术变迁进程远慢于美国。因此，总结美国技术变迁的经验与做法，可为推动我国玉米向粒收技术变迁提供启示。

---

① 美国谷物协会. 2021/2022 年玉米收获质量报告［EB/OL］.（2022 - 01 - 21）. http：// www. grains. org. cn/archives/4182.

美国的经验与做法主要有以下几方面：一是注重技术研发与配套。美国在粒收技术推广过程中，通过不断研发与改进粒收机械，以缓解机械高转速导致的玉米籽粒破碎及损伤问题，不断提高机械技术作业效果，避免了技术本身问题导致的农民应用积极性不高。而且，大力培育与推广具有早熟、高产、耐密植、抗性强、成熟期脱水快等特性的适宜粒收品种，为改善机械粒收技术效果提供了良好条件，烘干设备的配套不仅解决了玉米储存问题，且提高了玉米品质。二是健全农技服务体系。美国在宜粒收品种推广过程中，不仅做到了向农民推介适宜的玉米品种，且为品种的应用提供了全方位质量监督管理与技术指导，以及时发现新品种生产表现存在的问题，并不断完善品种选育，为粒收技术品种配套种植提供了完整的技术服务支持。三是规范玉米种植模式。美国一年一熟制及规模化经营为粒收技术的推广应用提供了良好的条件，不仅有利于延长玉米籽粒脱水期，且有利于大规模机械作业及烘干设备配套。此外，美国玉米种植行距的统一化、标准化提高了玉米粒收机械的通用性与适用性，利于机械的研发与制造。四是加快玉米产业转型升级。美国在粒收技术的推广应用过程中，充分发挥技术优势，选育具有耐密植特性的玉米品种，推动玉米产业密植化发展，极大推动了玉米产能的提升；而且粒收技术推广应用带来了烘干设备配套也极大地提高了玉米品质，增强了玉米国际竞争力。

美国玉米粒收技术变迁的成功经验也给我国提供一些启示：一是加强粒收技术研发与配套。通过梳理我国玉米机收技术发展历程可以发现，我国较为重视穗收技术的研发与改进，而对粒收技术研发重视程度仍不足，这将会减慢我国粒收技术变迁进程；而且对适宜粒收品种配套重视不足，通过调研也发现农户可选的适宜粒收品种数量较少，品种产量、抗性等性状相对较差，大部分农户不了解该项技术需适配品种。二是发挥农技服务组织作用推动技术变迁与品种配套。目前，我国农户获取种子渠道主要为各地农资经销商，该类以"卖货"为核心的技术供给主体虽一定程度上给予了农户技术服务，但技术服务的极度碎片化使得农户在技术与技术间及实践间的协调性极差（孙明扬，2021）。这也在一定程度上阻碍了机械粒收这一类新技术的推广应用，导致农户更倾向于选择已有的较为熟悉的旧技术，即机械穗收。三是积极探索适宜不同熟制地区的玉米粒收技术。一年一熟制种植方式增加了玉米收获脱水期，可在玉米籽粒含水率较低时进行收获，如我国东北地区作为玉米主产区，以一年一熟制种植为主，可适当延长玉米收获期；而对于一年两熟制地区，应探索玉米及下季作物生育期的合理分配，在不影响下季作物产量的前提下，适当延长玉米收获期。四是不断优化技术推广模式。与美国大规模种植方式不同，我国农户种植规模普遍偏小，技术变迁应率先从农业企业、农业合作社及家庭农场、种植大户等规模主体开始，并利用该类主体经营优势通过试验示范向周边农户推介，以实现技术变迁。

▶ 3.6　本章小结

本章首先对玉米穗收与粒收技术的内涵、特征、作业标准、作业效果进行了介绍，其次基于调研数据分析了农户玉米机收技术采用现状；最后对我国玉米机收技术的变迁历程进行了梳理，并对美国玉米粒收技术变迁历程进行了梳理，以为我国提供经验借鉴。主要结论如下：

（1）穗收技术作为我国当前主要的玉米机收方式，是完成玉米果穗采摘、剥皮、收集等作业环节的技术，但收获后仍需晾晒、脱粒等多个环节作业；而粒收技术可以一次性完成玉米摘穗、脱粒、清选、收集等多重作业环节，收获后玉米籽粒可直接进行销售。

（2）依据国家制定的玉米机收技术条件：粒收技术作业标准较穗收更为严格。其中，粒收时籽粒含水率比穗收要求标准低10个百分点。粒收技术作业质量标准要求更为宽松，总损失率标准比穗收高1个百分点、籽粒破碎率比穗收要求标准高4个百分点。

（3）就粒收技术作业效果而言，各地区试验示范结果表明：我国粒收技术作业效果整体较好，大部分地区收获时籽粒含水率、破碎率、杂质率及总损失率符合国家标准，表明我国粒收技术已较为成熟，可以达到推广应用的标准。而且从该项技术对玉米产业发展趋势来看，该项技术不仅可以推动玉米朝向密植化发展，提高单位面积土地玉米产出，且可以通过促进玉米收后烘干贮存等方式大幅提高玉米品质，带动玉米加工产业发展，是推动我国玉米产业转型升级与提质增效的必经途径。

（4）通过分析样本区域农户玉米机收技术采用现状发现，农户玉米收获仍以穗收技术为主，样本区域有70.63%的农户采用穗收技术，远高于粒收技术的13.63%；农户对穗收技术应用面积最大，为35.22亩，远高于粒收技术的11.05亩。我国农户玉米机收技术变迁进程仍较为缓慢，仍处于创新扩散的早期阶段。

（5）通过对玉米机收技术变迁历程的梳理可知，20世纪50年代之后玉米穗收技术在大部分欧美国家得到广泛应用，极大提高了玉米收获效率，释放了大量农村劳动力。至20世纪60年代，粒收技术才开始在世界范围内应用。而我国玉米机收技术起步较晚，至20世纪90年代开始穗收技术才得以大范围推广应用，而粒收技术在近十年才得以推广应用，但应用率仍处于较低水平。

（6）美国粒收技术变迁进程较快，至20世纪70年代就已全面实现玉米机械粒收。从其变迁历程来看，粒收机械及适宜品种不断研发与配套为技术变迁提供了技术条件，大面积、连片式的种植方式提供了规模条件，一年一熟制种植方式及标准化、规范化的种植模式提供了制度条件，健全的农技服务体系为宜粒收品种配套提供了有利条件。借鉴美国粒收技术变迁经验，我国应加强粒收技术研发与品种配套、发挥农技服务组织作用推动技术变迁与品种配套、积极探索适宜不同熟制地区的粒收技术、不断优化技术推广模式。

第4章

农户玉米机收技术采用
影响因素分析

农业技术变迁是推动农业发展的重要手段之一（Foster et al. , 2010；Nakano et al. , 2018）。从我国农业发展历程来看，农业技术的不断进步大幅提高了粮食生产能力，取得了用占世界近7%的耕地资源养活占世界20%人口的骄人成绩（Zhang, 2011）。然而，当前全球粮食安全正面临着气候变化、自然灾害频发及新冠疫情冲击等带来的严峻考验，我国作为一个拥有14亿多人口的国家，也不可避免地受到影响（Zhao et al. , 2016；Zheng et al. , 2022）。在此背景下，保障粮食安全已成为全世界共同的议题，尤其对于我国这一人口大国，此外，实现粮食安全也是联合国可持续发展目标主要目标之一（United, 2021）。

玉米在保障粮食安全中占据重要地位。然而我国玉米产业发展仍面临着质量不高、效率较低等多重困境，亟待推动玉米产业实现转型升级与提质增效。从玉米整个生产环节来看，收获是最重要的环节，需要大量的劳动力投入，其劳动力投入占整个玉米生产过程中总投入的50%~60%，被称为"最繁重"的生产环节（Yang et al. , 2013；Xie, 2022），已成为制约我国玉米产业高质高效发展的关键瓶颈。而玉米机收技术的兴起与应用为提高玉米生产效率、减少劳动投入提供了可行解决方案（Yang，2016）。其中，粒收作为玉米机械收获的重要技术之一，已经被多个玉米生产大国（如美国、阿根廷）广泛采用，大幅提升了玉米产业发展能力。然而我国玉米粒收技术发展进程仍较为缓慢，截至 2019 年，全国粒收比例仍不足 10%，而穗收比例却在 70% 以上，形成了鲜明的对比（Xie，2022）。粒收技术作为一项具有节本增效等多重技术优势、利于推动玉米密植化发展的集成收获技术，理应成为玉米收获的主要技术手段，然而现实情况却截然相反，在已有可替代的穗收技术广泛应用情况下，粒收技术应用程度仍然较低。那么，哪些因素制约了我国玉米收获由穗收向粒收变迁是本章关注的核心问题，解决此问题有利于打通玉米产业全程机械化及高质高效发展"最后一公里"。

农户作为我国农业生产经营的重要主体，其农业生产行为决策将会影响我国农业技术变迁方向与进程。以玉米机收技术为例，农户在面临不同技术选择时，其行为决策不是一蹴而就的，而是循序渐进的过程，对技术的认知是形成农户采用意愿的最直接原因，而意愿将会影响其最终的采用行为决策（Fishbein & Ajzen，1975；Davis，1985）。从技术的创新扩散进程也可知农户在作出技术采用决策前，技术认知是前提而意愿则决定了最终采用与否（Rogers，2003）。而且就粒收技术这一项相对而言较新的农业技术，农户普遍存在技术认知不足、采用意愿偏低等问题，从而导致粒收技术采用率偏低，这也阻碍了粒收技术的扩散。

基于以上分析，本章将以农户"技术认知—采用意愿—采用行为"为分析框架，首先，在统计分析农户对玉米粒收技术认知基础上，对比分析农户对不同机收技术认知差异，以了解农户对不同机收技术认知现状；其次，对农户玉米机收技术采用意愿进行统计分析，以了解当前农户技术采用意愿；最后，基于穗收技术已在全国范围内全面普及，而粒收技术还未广泛扩散的现实背景，以穗收技术作为参照，分析农户粒收技术采用影响因素。通过建立双变量 Probit 模型，实证分析农户技术认知对粒收技术采用意愿与行为影响，并探究意愿与行为之间的逻辑关系，为推动玉米机收技术变迁提供理论参考依据。

4.1　农户对玉米机收技术认知与意愿统计分析

4.1.1　农户对玉米机收技术认知统计分析

粒收作为一项还处于试验示范阶段的玉米收获技术，扩散范围相对较小，农户对该技术的认知存在一定的局限性。本节主要通过分析农户对该技术的认知情况来掌握该技术的采用情况，同时考虑到穗收技术已被广泛使用，农户较为了解该项技术，不单独分析农户对该项技术认知情况，仅将其作为粒收技术的参照组，用以对比分析农户对两项技术认知差异。本节所用数据来源于 2022 年对河北、山东、黑龙江、辽宁四省调研数据，共包含 521 个农户，数据来源详见第 3.2.1 节。

1. 农户对粒收技术基本认知分析

（1）农户对粒收技术了解程度较低，仅 10.79% 的农户表示了解或非常了解该项技术，26.25% 的农户表示一般了解。对农户粒收技术基本认知情况主要设置农户对玉米粒收技术的了解程度问题来反映，答案主要基于李克特五分量表设置为非常不了解、不了解、一般、了解、非常了解。结果如图 4-1 所示，可以看出农户对该项技术的了解程度整体偏低，选择"了解"和"非常了解"的比例之和仅为 10.79%，其中，"非常了解"的比例仅为 2.09%，了解的比例为 8.70%；还有 26.25% 的农户表示对该项技术的了解程度为一般，整体来看仅不到 40% 的农户对该项技术有一定了解。而选择"非常不了解"的比例为 19.00%，选择"不了解"的比例为 27.86%，即不了解该项技术的农户占比最高。以上分析结果展示出粒收技术作为一项就我国来说相对新的收获技术，技术推广力度与扩散范围仍然较小，农户对技术了解程度偏低，这也是阻碍该项技术变迁的重要原因。

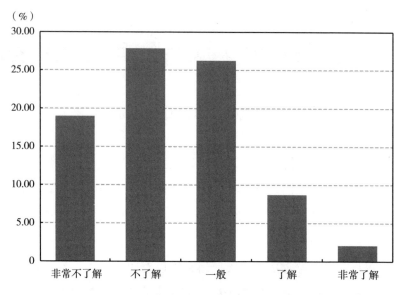

图 4 - 1　农户对粒收技术的基本认知情况

（2）亲戚朋友等熟人仍是农户了解技术的最主要渠道，通过熟人了解粒收技术的比例达到 20.15%。为进一步明晰农户对粒收技术了解的主要渠道，为技术变迁提供思路，设置了"农户从哪些渠道了解的粒收技术"这一问题来反映，渠道主要包括亲戚朋友等熟人、合作社、电视或广播、农机站、互联网、订单企业、其他渠道。结果如图 4 - 2 所示，可以看出，农户通过亲戚朋友等熟人了解粒收技术的比例最大，占比为 20.15%，这符合农村社会网络中熟人是传播信息最广、最快的渠道。电视、广播等媒体渠道对技术的传播也具有一定的影响力，占比为 12.48%；互联网的兴起与农村网民的不断增多也为技术的扩散与传播提供了途径，通过互联网了解粒收技术的比例为 9.79%；通过农业合作社、农机站了解粒收技术的比例分别为 11.32%、10.36%，通过调研也了解到农机站等公益性农技推广机构及农业合作社等市场性农技服务主体通过试验示范等活动对提高农户技术认知起到了较好效果。

而通过订单企业了解粒收技术的比例较低，仅为1.15%；通过其他渠道了解粒收技术比例为8.06%，这些渠道主要包括农机手、农资经销商等。

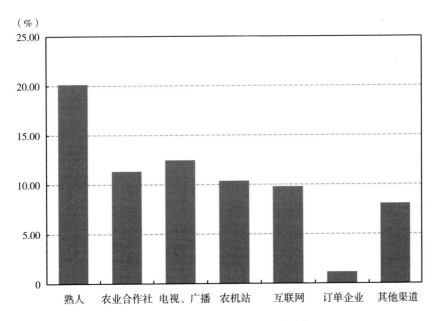

图4-2 农户了解粒收技术的渠道

（3）近年来了解粒收技术农户的比例快速增加，农户在2016～2021年这一时期了解粒收技术比例达56.09%。通过设置"农户在哪一年开始了解粒收技术"这一问题来反映粒收技术在农户间扩散的主要时期。结果如图4-3所示，农户对粒收技术认知的最早年份为1985年，从不同阶段来看，农户在1985～2000年这一时期了解粒收技术的比例为10.43%，占比较低；2001～2010年这一时期了解粒收技术的比例为5.65%，比例有所下降；而农户在2011～2015年了解粒收技术比例增长较大，达到14.35%，这可能与我国于2010年开始在全国不同地区开始进行粒收技术的试验与示范有关；农户在2016～2021年这一时期了解粒收技术的比例大幅提升，达到56.09%，这可能与近几年我国对粒收技术试验示范力度的不断加大，以及粒收技术试验示范效果的宣传有关。

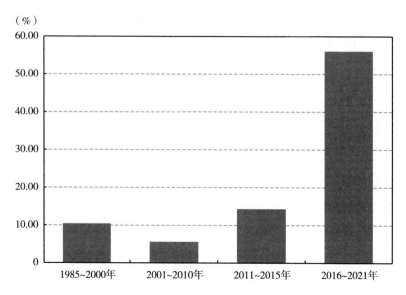

图 4 – 3　农户对粒收技术的认知比例

2. 农户对粒收技术特征认知分析

农户对粒收技术特征的认知分析主要围绕粒收技术作业时需满足低含水率条件，以及收获过程产生的籽粒破碎与杂质三个特征展开。主要通过设置"农户认同粒收技术作业需满足籽粒含水率低吗""农户认同粒收技术作业的籽粒破碎率高吗""农户认同粒收技术作业的籽粒杂质率高吗"三个问题来反映。基于李克特五分量表设置答案为非常不认同、不认同、一般、认同、非常认同，考虑到部分农户可能不了解该项技术特征，在此基础上增加"不知道技术特征"选项，以系统了解农户对技术特征认知情况，避免农户因不了解技术特征而随意填写问卷，造成结果有所偏误，后续变量基于李克特五分量表设置的答案均按此方式设置。结果如图 4 – 4 所示。

农户较为认同粒收机械作业需要满足籽粒含水率低，选择认同及非常认同比例达 19.58%。粒收机械作业技术标准需满足籽粒含水率在 15%~25%，相较于穗收机械作业对含水率标准要求更高，而我国大多数玉米品种以追求产量为主，收获期含水率相对较高，这可能会影响农户对该

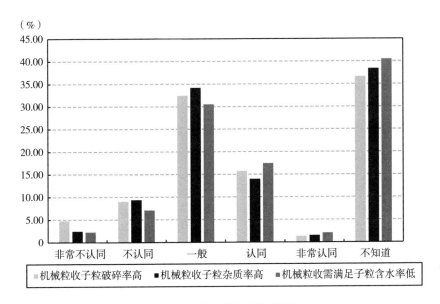

图 4-4　农户粒收技术特征认知

技术的采用。从图 4-4 可以看出，农户较为认同粒收机械作业时需满足籽粒含水率低这一特征，其中，表示认同的农户比例为 17.47%，非常认同的比例为 2.11%，农户认同粒收机械作业所需含水率低可能会阻碍农户粒收技术变迁进程，因为我国玉米品种以追求高产为主要目标，通过延长生育期来获得高产，绝大部分玉米品种籽粒脱水相对较慢（李少昆，2018e）；而表示不认同的比例仅为 7.1%，非常不认同的比例为 2.3%。表示一般的比例较高，比例为 30.52%，此外 40.50% 的农户表示不知道这一技术特征，表明大部分农户对粒收技术作业所需含水率特征并不了解。

　　农户较为认同粒收技术收获的玉米籽粒破碎率高，选择认同及非常认同比例达 17.08%。粒收技术作业特征为直接收获籽粒，可能会导致一定程度的籽粒破碎，影响农户对该技术的采用。从图 4-4 可以看出，农户较为认同粒收机械作业籽粒破碎率高这一特征，其中，表示认同的农户比例为 15.74%，非常认同的比例为 1.34%；而表示不认同的比例仅为 9.02%，非常不认同的比例为 4.80%；表示"一般"的比例较高，比例为32.44%，36.66%的农户表示不知道这一技术特征。

农户较为认同粒收技术收获的玉米籽粒杂质率高，选择认同及非常认同比例达15.55%。粒收技术作业时籽粒破碎及脱粒不完全可能导致产生杂质，从而影响收获玉米的品质，进而影响玉米销售价格。从图4-4可以看出，农户较为认同粒收技术作业籽粒杂质率高这一特征，其中，表示认同的农户比例为14.01%，非常认同的比例为1.54%；而表示不认同的比例仅为9.40%，非常不认同的比例为2.50%；表示"一般"的比例较高，比例为34.17%，38.39%的农户表示不知道这一技术特征。

综合上述分析，当前大部分农户还不知道粒收技术的特征，这无疑会减缓粒收技术的变迁进程，同时也揭示当前各地区对粒收技术推广力度仍然不够，未下沉到村和户；而且大部分农户对粒收技术作业特征存在较差感知，较大比例农户认为粒收技术作业条件严格，且作业时的效果较差，这不利于该项技术的变迁。

3. 农户对粒收技术使用难易程度认知分析

技术使用的难易认知主要指农户从主观上对技术使用的难易程度评价。对一项新技术主观难易性认知将影响其后续对技术的采用意愿。主要通过设置"农户认同粒收技术简单易用吗""农户认同粒收技术使用并不难吗""农户认同粒收技术使用难吗"三个问题来反映。答案设置为非常不认同、不认同、一般、认同、非常认同、不知道。结果如图4-5所示。

农户较为认同该项技术是简单易用的，选择认同及非常认同的比例为17.55%。16.59%的农户认同粒收技术是简单易用的，0.97%农户表示非常认同；而不认同该技术是简单易用农户比例相对较低，仅为8.53%，持非常不认同态度的农户比例为2.42%。值得注意的是有29.63%农户持一般态度，且41.87%的农户表示不知道该技术是否简单易用。

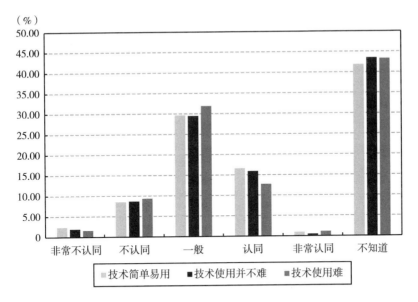

图4-5　农户粒收技术使用认知

　　农户较为认同该项技术使用并不难，选择认同及非常认同的比例为16.43%。其中，15.94%的农户认同粒收技术使用并不难，0.48%农户表示非常认同；而不认同的农户比例相对较低，仅为8.70%。持非常不认同态度的农户比例为1.93%，而持一般态度的农户比例为29.47%，且43.48%的农户表示不知道该技术是否使用并不难。

　　农户认同该项技术使用的比例较小，选择认同及非常认同的比例为13.85%。其中，12.72%的农户认同粒收技术使用难，1.13%农户表示非常认同；而不认同该技术使用难的农户比例为9.34%，略低于认同比例；持非常不认同的农户比例为1.61%，有31.88%农户持一般态度，且43.32%的农户表示不知道该技术是否使用难。

　　综合上述分析，选择认同及非常认同该项技术是简单易用及使用并不难比例之和为33.98%，比认同及非常认同该项技术使用难比例高20.13%。表明该项技术对大多数农户来说没有使用上的难题，尤其是在各项机械技术更加集成和智能化的今天，技术使用上的难题有所缓解。但仍值得注意的是有近一半农户不了解该项技术，这是阻碍技术变迁的最大问题。

4. 不同玉米机收技术可替代性认知分析

在对农户粒收技术基本认知、技术特征认知及技术使用难易认知分析基础上，本节进一步对农户粒收与穗收技术两项技术的替代性认知进行分析。

农户对粒收能替代穗收技术的认同程度略低，选择认同及非常认同的比例为19.58%。基于本书核心主题农业技术变迁，即由穗收向粒收技术变迁，设置问题"农户认同粒收技术能替代穗收吗"。答案设置为非常不认同、不认同、一般、认同、非常认同、不知道。结果如图4-6所示，16.89%的农户认同粒收技术能替代穗收，略低于不认同的比例18.62%；选择非常认同的比例为2.69%，略低于非常不认同的比例2.88%。表明当前农户对粒收技术主观接纳程度仍然处于较低水平，且在已有使用较为广泛的穗收技术下，农户受使用习惯影响，更加倾向于原有的较为熟悉的技术。而选择一般的农户比例为20.92%，且选择不知道的比例为38.00%，表明当前农户对粒收能否替代穗收技术仍持不明确态度。

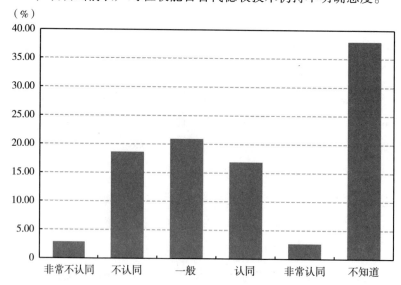

图4-6 农户技术替代性认知

5. 农户对不同玉米机收技术效果认知差异分析

根据农业农村部公布的数据，粒收相较于穗收技术具有节约劳动力、节省作业环节、作业成本相对较低等效果①。此外，收获损失是决定机收技术效果的重要因素，且穗收与粒收的玉米以果穗和籽粒两种形式为主，其在贮存上存在较大差异。故主要围绕以上指标对农户两项技术效果认知差异进行分析。主要设置了"农户认为粒收与穗收技术哪个节约劳动力""农户认为粒收与穗收技术哪个作业环节少""农户认为粒收与穗收技术哪个作业成本低""农户认为粒收与穗收技术哪个收获损失少""农户认为粒收与穗收技术收获的玉米哪个易贮存"等问题来反映。答案均设置为粒收技术、穗收技术、不知道。结果如图4-7所示。

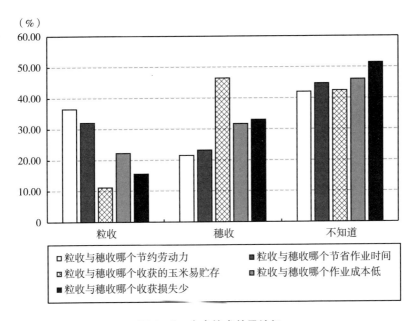

图4-7　农户技术效果认知

农户主要认为粒收技术节约劳动力、作业环节少，而认为粒收技术

① 农业农村部. 我国玉米籽粒收获机械技术应用取得显著效果［EB/OL］.（2020-10-11）. https://news. cctv. com/2020/10/11/ARTIphyhh9SQ12Ofr1ohDDJa201011. shtml.

作业成本更高、收获损失更多、收获的玉米更不易贮存。农户认为粒收技术更节约劳动力、作业环节少的比例分别为 36.47%、33.01%，分别高于认为穗收的比例 21.50%、22.65%；而认为粒收技术作业成本低的比例为 22.26%，低于认为穗收的比例 31.67%；认为粒收技术收获损失少、收获的玉米易贮存比例分别为 15.55%、11.13%，均低于认为穗收技术的比例 33.01%、46.45%。不知道粒收与穗收哪个技术更节约劳动力、作业环节少、作业成本低、收获损失少、收获的玉米易贮存的比例分别为 42.03%、44.34%、46.07%、51.44%、42.42%。以上结果表明，更大比例农户认为粒收比穗收技术能节约劳动力及作业环节少，可见农户对粒收技术认可度较高，然而农户对粒收技术作业成本普遍持偏高态度，这可能是农户对粒收技术作业具有节本增效等特征较为认可，但采用意愿与采用率相对较低的主要原因；农户主要认为粒收损失较多，可能原因是该技术直接收获籽粒，收获过程可能会造成籽粒破碎，从而导致损失增多，而穗收直接收获果穗，收获损失相对较少；农户主要认为粒收技术收获的玉米难以贮存，主要是穗收后的玉米果穗存放有较大通风空隙，相对容易贮存，而粒收后的玉米籽粒需烘干后才能达到安全贮存标准，而当前我国烘干设备还不够完善。以上结果表明，当前农户对粒收技术效果的预期低于穗收，这可能会影响到粒收技术变迁进程。

4.1.2　农户对粒收技术采用意愿统计分析

农户对粒收技术采用意愿仍保持低水平，仅 23.42% 农户愿意采用粒收技术。主要通过设置"农户是否愿意采用粒收技术"这一问题来反映。答案包括愿意采用、不愿意采用两类。结果如图 4-8 所示，仅 23.42% 农户愿意采用该项技术，而 76.58% 农户表示不愿意采用该项技术。这一结果符合创新扩散理论，即一项新的技术最开始扩散时仅少部分创新者愿意采用。

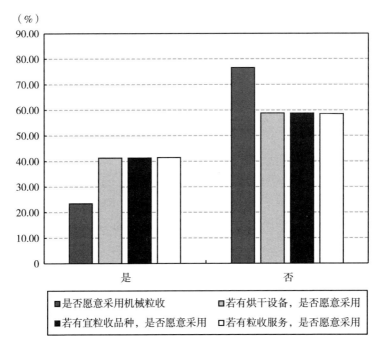

图 4 – 8　农户粒收技术采用意愿

为进一步了解农户在不同条件下对粒收技术的采用意愿，结合粒收技术特征，主要设置"若有烘干设备，农户是否愿意采用""若有宜粒收品种，农户是否愿意采用""若有粒收技术服务，农户是否愿意采用"等问题反映。一方面考察技术配套设施对农户技术采用意愿影响；另一方面考察技术可获得性的影响。结果如图 4 – 8 所示。就技术设施配套而言，若有烘干设备，愿意采用粒收技术的农户比例为 41.27%，比无其他假设条件下农户粒收技术采用意愿高 16.31 个百分点；若有宜粒收品种，愿意采用粒收技术的农户比例为 41.27%，比无其他假设条件下农户粒收技术采用意愿高 16.31 个百分点；若有粒收技术服务，愿意采用粒收技术的农户比例为 41.46%，比无其他假设条件下农户粒收技术采用意愿高 16.51 个百分点。以上结果表明技术相关配套设施、技术服务是影响农户技术采用意愿的重要因素。

4.2 农户玉米机收技术采用意愿与行为影响因素实证分析

4.2.1 数据说明、模型构建与变量选取

1. 数据说明

本节所用数据来源于 2022 年对河北、辽宁、黑龙江、山东四省的农户调研数据，样本共计 521 个。数据来源详见第 3.2.1 节。

2. 模型构建

结合我国玉米机收技术以穗收和粒收为主的特征，以及穗收技术已在国内全面扩散的背景，对农户玉米机收技术采用意愿与行为的衡量主要以其是否采用粒收技术为标准，即农户采用粒收技术，而未采用穗收技术来代表农户发生技术变迁，后续研究均以此方式进行度量。农户粒收技术采用意愿与行为均为二元选择变量，二者之间存在内在联系，且同时会受到许多共同因素所影响，即两个模型的扰动项之间存在较强的相关性，若分别用 Probit 模型进行单独估计将可能损失效率，故本节采用双变量 Probit 模型进行估计，该模型允许不同方程的误差项之间存在相关，以减少估计效率的损失，提高估计结果的可信度，实现对意愿与行为之间关联效应分析。

农户粒收技术采用意愿与行为相互作用主要产生四种结果，第一类为不具有采用意愿与行为、第二类为具有采用意愿但无采用行为、第三类为不具有采用意愿但有采用行为、第四类为具有采用意愿与行为。双变量 Probit 模型定义如下：

$$y_1^* = x_i a_i + \varepsilon_{1i} \tag{4.1}$$

$$y_2^* = x_i \beta_i + \varepsilon_{2i} \tag{4.2}$$

其中，y_1^* 和 y_2^* 分别代表农户粒收技术采用意愿与行为不可观测的潜变

量；x_i 为影响因素。ε_{1i} 和 ε_{2i} 为随机扰动项，服从期望为 0、方差为 1 的二维联合正态分布，相关系数为 ρ，即

$$\begin{pmatrix} \varepsilon_{1i} \\ \varepsilon_{2i} \end{pmatrix} \sim N \left\{ \begin{pmatrix} 0 \\ 0 \end{pmatrix}, \begin{bmatrix} 1 & \rho \\ \rho & 1 \end{bmatrix} \right\} \tag{4.3}$$

其中，若 $\rho > 0$，则表示农户粒收技术采用意愿与行为之间存在互补效应；若 $\rho < 0$，则为替代效应；若 $\rho = 0$，则表明无须采用双变量 Probit 模型，可用两个单独的 Probit 模型进行估计。

可观测变量 y_1 与 y_2 由以下方程决定：

$$y_1 = \begin{cases} 1, & \text{若 } y_1^* > 0 \\ 0, & \text{若 } y_1^* \leq 0 \end{cases} \tag{4.4}$$

$$y_2 = \begin{cases} 1, & \text{若 } y_2^* > 0 \\ 0, & \text{若 } y_2^* \leq 0 \end{cases} \tag{4.5}$$

依据上述推导，y_1 与 y_2 联立取值的概率方程可如下表示，以结果（$y_1 = 1$，$y_2 = 1$）为例：

$$\begin{aligned} p_{11} &= P(y_1 = 1, y_2 = 1) = P(y_1^* > 0, y_2^* > 0) \\ &= P(\varepsilon_{1i} > -x_i a_i, \varepsilon_{2i} > -x_i \beta_i) \\ &= P(\varepsilon_{1i} < x_i a_i, \varepsilon_{2i} < x_i \beta_i) = \int_{-\infty}^{x_i a_i} \int_{-\infty}^{x_i \beta_i} \varphi(z_1, z_2, \rho) \, dz_1 z_2 \\ &= \phi(x_i a_i, x_i \beta_i, \rho) \end{aligned} \tag{4.6}$$

其中，$\varphi(z_1, z_2, \rho)$ 为标准化的二维正态分布的概率密度函数、$\phi(x_{1i} a_i, x_{2i} \beta_i, \rho)$ 为累积分布函数。z_1 和 z_2 为积分变量。同理可计算 p_{00}、p_{01}、p_{10} 发生的概率，采用极大似然法估计。

3. 变量选取

（1）被解释变量。

农户粒收技术采用意愿，由"农户是否愿意采用粒收技术"问题设置，当农户愿意采用粒收技术时，赋值为 1，反之则赋值为 0；农户粒收技术采用行为，由"农户是否采用粒收技术"问题设置，若农户采用粒

收技术，则赋值为1，反之则赋值为0。

（2）核心解释变量。

① 农户技术认知。基于上述理论分析，借鉴黄炎忠等（2018）、刘一明（2021）等对农户认知对其意愿与行为影响分析中认知变量选取方法，主要选取农户对粒收技术的基本认知，即"农户对粒收技术的了解程度"；粒收技术易用性认知，即"农户认同粒收技术是简单易用的吗"；粒收技术特征认知，主要通过因子分析法获得；不同机收技术替代性认知，即"农户认同粒收技术能否替代穗收吗"；不同机收技术效果对比认知，主要通过因子分析法获得。因子分析结果见第4.2.2节。②技术配套。已有研究表明技术配套对技术采用具有重要影响（Ricker‐Gilbert & Jones，2015），且上述理论分析也表明技术配套能促进农户技术采用，粒收技术作业需适配宜粒收品种，且收获后需要进行烘干以达到贮存条件等特点，主要通过农户是否选择宜粒收品种与本村是否有烘干塔两个变量衡量。③同伴效应。借鉴桑普森和佩里（Sampson & Perry，2019）、帕姆等（Pham et al.，2021）等的研究以村域范围内其他农户行为来衡量同伴效应，且村域范围内农户间信息传播极为迅速，同伴效应尤为明显（卫龙宝和王恒彦，2005；罗庆和李小建，2010），故本书选取本村是否有其他农户采用粒收技术变量反映。

（3）控制变量。

① 户主特征。借鉴高等（Gao et al.，2017）、张等（Zhang et al.，2019）等主要关注农户性别、年龄、受教育情况、农业培训等因素对技术采用的影响，本书主要选取户主性别、年龄、受教育年限、是否为村干部、年外出务工天数及是否接受过农业培训等变量。②家庭特征。丹索‐阿比姆等（Danso‐Abbeam et al.，2020）的研究表明收入提高显著增加了农户采用农业技术的概率，并能增加家庭福利；阿斯法夫（Asfaw，2016）指出拥有更多财富和劳动力的家庭倾向于采用现代农业技术；家庭组织化程度也被学者们纳入农户行为研究（吴比，2016）。故本书主要选取家庭劳动力比例、人均年收入、是否获取信贷、组织化情

况如加入或成立合作社等来控制家庭特征。③玉米生产经营特征。农业
生产经营情况是决定农户技术采用的重要因素，如胡（Hu，2019）指出
经营规模将对技术采用产生影响，故本书选取了农户玉米生产经营特征
相关变量，主要包括玉米种植面积、是否单季种植、是否以籽粒形式销
售玉米、玉米是否受灾等变量，此外考虑到农户在之前的玉米生产中若
使用过粒收技术，将会产生使用惯性从而对当前意愿与行为产生影响，
故加入农户之前是否使用过粒收技术变量。④村庄特征。村是否有粒收
技术服务、村粒收与穗收技术服务价格比值、村委会距乡镇政府距离、
村人均收入水平及村庄是否为平原等变量被加入模型，以控制村庄特征
对农户粒收技术采用意愿与行为的影响。其中，村庄粒收技术服务情况
主要考察技术可获性及不同机收技术价格差异的影响；村委会距乡镇政
府距离及村人均收入水平主要衡量村经济发展水平的影响；而村庄地形将会
影响到粒收技术作业成本与效果，故加入村庄是否为平原变量。⑤省份虚
拟变量也被纳入模型之中，以控制不同区域地理特征的影响。

　　各变量描述性统计如表 4 - 1 所示。

表 4 - 1　　　　　　　　　　　　描述性统计分析

变量类别	变量名称	变量赋值或单位	均值	标准差	最小值	最大值
被解释变量	是否愿意采用粒收技术	1 = 是，0 = 否	0.23	0.42	0.00	1.00
	是否采用粒收技术	1 = 是，0 = 否	0.14	0.34	0.00	1.00
技术基本认知	粒收技术了解程度	1 = 非常不了解，2 = 不了解，3 = 一般，4 = 了解，5 = 非常了解	2.37	1.02	1.00	5.00
	认同粒收技术是简单易用的	0 = 不知道，1 = 非常不认同，2 = 不认同，3 = 一般，4 = 认同，5 = 非常认同	1.90	1.64	0.00	5.00
	认同粒收能替代穗收技术	0 = 不知道，1 = 非常不认同，2 = 不认同，3 = 一般，4 = 认同，5 = 非常认同	1.84	1.63	0.00	5.00
技术认知	不同机收技术效果对比认知	标准化后的因子得分值	0.00	1.00	- 2.32	1.99
	粒收技术特征认知	标准化后的因子得分值	0.00	1.00	- 2.19	1.90

续表

变量类别	变量名称	变量赋值或单位	均值	标准差	最小值	最大值
技术配套	是否种植宜粒收品种	1 = 是，0 = 否	0.31	0.46	0	1
	本村是否有烘干塔	1 = 是，0 = 否	0.24	0.43	0	1
同伴效应	本村其他农户是否采用粒收技术	1 = 是，0 = 否	0.22	0.42	0	1
户主特征	性别	1 = 男，0 = 女	0.81	0.39	0.00	1.00
	年龄	周岁	47.79	11.53	17.00	78.00
	受教育年限	年	9.71	2.47	2.00	16.00
	是否是村干部	1 = 是，0 = 否	0.13	0.34		1.00
	是否参加过农业培训	1 = 是，0 = 否	0.35	0.48	0.00	1.00
	外出务工天数	天	60.20	109.84		365.00
家庭特征	家庭劳动力比例	%	57.53	25.23	0.00	100.00
	家庭人均年收入	万元	1.91	2.14	0.02	28.33
	是否获取信贷	1 = 是，0 = 否	0.13	0.34	0.00	1.00
	是否加入农业合作社	1 = 是，0 = 否	0.14	0.35	0.00	1.00
	是否成立家庭农场或农业合作社	1 = 是，0 = 否	0.12	0.33	0.00	1.00
玉米生产经营特征	玉米种植面积	亩	48.04	102.56	0.20	1000.00
	是否单季种植	1 = 是，0 = 否	0.45	0.50	0.00	1.00
	是否以籽粒形式销售玉米	1 = 是，0 = 否	0.79	0.41	0.00	1.00
	玉米是否受灾	1 = 是，0 = 否	0.43	0.50	0.00	1.00
	之前是否使用过粒收技术	1 = 是，0 = 否	0.16	0.36	0.00	1.00
村庄特征	是否有粒收技术服务	1 = 是，0 = 否	0.43	0.50	0.00	1.00
	村粒收与穗收技术服务价格比值		0.45	0.47	0.00	1.25
	村委会距乡镇政府距离	千米	4.91	3.40	0.20	20.00
	村人均收入	万元	1.45	0.98	0.20	5.00
	是否为平原	1 = 是，0 = 否	0.69	0.46	0.00	1.00
样本量			521			

4.2.2　农户技术认知因子分析结果

创新扩散理论指出在创新扩散的决策过程中，获知是创新传播的重要前提，一项创新只有被主体认知，才会有后续的传播过程。在玉米机收技术变迁过程中，农户技术认知发挥了重要作用，尤其是玉米机收技术特征及效果认知，其衡量指标主要如表4-2所示。

表4-2　农户技术特征与效果认知衡量指标

变量类别	变量名称	变量赋值或单位	均值	标准差	最小值	最大值
不同机收技术效果对比认知	粒收与穗收技术哪个节约劳动力	0 = 不知道，1 = 粒收，2 = 穗收	0.79	0.77	0.00	2.00
	粒收与穗收技术哪个作业成本低		0.86	0.87	0.00	2.00
	粒收与穗收技术玉米哪个易贮存		1.04	0.94	0.00	2.00
	粒收与穗收技术哪个作业环节少		0.78	0.79	0.00	2.00
	粒收与穗收技术哪个收获损失少		0.82	0.90	0.00	2.00
粒收技术特征认知	认同粒收技术籽粒破碎率高	0 = 不知道，1 = 非常不认同，2 = 不认同，3 = 一般，4 = 认同，5 = 非常认同	1.90	1.61	0.00	5.00
	认同粒收技术籽粒杂质率高		1.88	1.61	0.00	5.00
	认同粒收技术需满足籽粒含水率低		1.88	1.68	0.00	5.00

依据表4-2可知，农户对玉米机收技术特征及效果认知衡量指标较多且相对复杂，而且代表技术特征及效果变量间可能存在多重共线性，从而影响模型估计结果，故采用因子分析法提取出公因子，从而达到简化变量目的。提取公因子步骤主要如下。

1. 标准化处理

在对农户玉米机收技术特征及效果认知变量设置过程中，因各变量衡量方法存在差异，变量赋值不尽相同，故需对各变量进行标准化处理，主要采用 Z – Score 方法进行标准化，该方法可以将不同量级的数据转化为统一度量的 Z – Score 值，从而提高数据可对比性。公式如下：

$$z_i = \frac{x_i - \bar{x}}{s} \tag{4.7}$$

其中，z_i 为 Z – Score 值，x_i 为样本观测值，$\bar{x}$ 为总体的平均值，s 为总体的标准差。

2. 检验因子分析适用性

在进行因子分析前需进行巴特利特球形检验和 KMO 检验。其中，巴特利特球形检验用以检验各变量间是否独立，原假设为相关系数矩阵是单位阵，即各变量相互独立，若不能拒绝原假设，则表明变量之间相互独立，无法提取公因子；KMO 检验主要用于判断变量间的相关性，通过比较各变量间简单和偏相关系数的大小进行，其统计值在 0.7 以上表明适合因子分析法，在 0.6 时表明因子分析效果较差，在 0.5 以下时则不适用因子分析。检验结果如表 4 – 3 所示，农户对玉米机收技术特征及效果认知变量的巴特利特球形检验的 P 值为 0.000，在 1% 统计水平上显著拒绝了各变量相互独立的原假设，且 KMO 统计值为 0.881，表明变量适合进行因子分析。

表 4 – 3　　　　　　　　　因子分析适用性检验结果

检验方法	指标	结果
巴特利特球形检验	近似卡方	3577.754
	自由度	28
	P 值	0.000
KMO 抽样适合性检验	KMO 统计值	0.881

3. 提取公因子

对玉米机收技术特征及效果认知公因子的提取，主要以特征根大于 1 为依据，即因子的解释力度多于一个原始变量。结果如表 4-4 所示，在 8 个公因子中仅因子 1 和因子 2 特征根大于 1，故提取了前两个因子作为公因子，累计方差贡献率为 80.41%，能够对原始变量作出较为合理解释。

表 4-4   因子提取结果

因子	特征根	方差	因子占比	累计方差贡献率
因子 1	5.101	3.770	0.638	0.638
因子 2	1.331	0.821	0.166	0.804
因子 3	0.511	0.185	0.064	0.868
因子 4	0.326	0.067	0.041	0.909
因子 5	0.258	0.049	0.032	0.941
因子 6	0.209	0.041	0.026	0.967
因子 7	0.168	0.072	0.021	0.988
因子 8	0.096		0.012	1.000
LR 检验	3584.68 ***			

注：*** 表示在 1% 的统计水平上显著。

通过因子旋转得到表 4-5 公因子对各变量的解释力度结果，结果表明因子 1 对粒收与穗收技术效果对比认知变量解释力度较大，即因子 1 在解释粒收与穗收技术哪个节约劳动力、作业成本低、易贮存、作业环节少及收获损失少等变量；因子 2 对粒收技术特征认知变量解释力度较大，即因子 2 在解释农户认同粒收技术籽粒破碎率高、杂质率高及满足籽粒含水率低三个变量。故因子 1 代表不同机收技术效果对比认知；因子 2 代表粒收技术特征认知，特别说明的是通过对公因子 1 与公因子 2 进行取相反数处理，使得两个公因子值越大，代表农户认为粒收技术特征及效果更好。

表 4 – 5 因子对各变量解释力度

标准化后的变量	因子 1	因子 2
粒收与穗收技术哪个节约劳动力	0.852	0.280
粒收与穗收技术哪个作业成本低	0.854	0.246
粒收与穗收技术玉米哪个易贮存	0.798	0.286
粒收与穗收技术哪个作业环节少	0.860	0.284
粒收与穗收技术哪个收获损失少	0.702	0.349
认同粒收技术籽粒破碎率高	0.257	0.916
认同粒收技术籽粒杂质率高	0.248	0.930
认同粒收技术需满足籽粒含水率低	0.259	0.889

4.2.3　农户技术采用意愿与行为影响因素估计结果与检验

1. 内生性讨论

在构建计量经济模型时，模型中纳入的解释变量应满足外生性假定，即需要假定模型中的解释变量与干扰项不存在相关关系，以避免由于存在内生问题导致模型估计结果的不一致性。从内生性问题的来源来看，一是遗漏了重要的解释变量，且遗漏的解释变量与其他解释变量存在相关关系；二是解释变量与被解释变量存在反向因果关系，即解释变量能够对被解释变量产生影响，而被解释变量反过来也对解释变量产生影响；三是选择偏差带来的影响，主要包括样本选择偏差和自选择偏差。本章模型中尽量纳入了农户粒收技术采用意愿与行为的所有影响因素，既涵盖了农户技术认知相关变量、技术配套相关变量及同伴效应等，也包括了户主特征、家庭特征、玉米生产经营特征及村庄特征相关变量，此外还控制了区域虚拟变量，尽量避免了因遗漏重要解释变量导致的内生性问题；其中，农户技术认知及户主特征、家庭特征、玉米生产经营特征及村庄特征等变量都是严格外生的，而且技术配套中本村是否有烘干塔不会受到农户技术采用行为影响，此外，农户宜粒收品种选择并非是农户技术采用的必要条件，而是选择宜粒收品种后会提高农户技术采用的概率，且农户未选择宜粒收品种也可以采用粒收技术。因此，解释变量与被解释变量之间不存在反向因果关系。而选择偏差也是遗漏变量问题。基于上述分析，本章模型中存在内生性问题为小概率事件，因此对此问题不做过多的讨论，研究主要聚焦农户粒收技术采用意愿与行为影响因素及二者之间的关联效应。

2. 估计结果分析

本节运用双变量 Probit 模型实证分析了农户粒收技术采用意愿与行为的影响因素，并将其结果与单方程 Probit 模型估计结果加以比较，结果如表 4 - 6 所示。双变量 Probit 模型中 rho 值为 0.326，且在 5% 统计水平上显著，表明运用双变量 Probit 模型是恰当的，且农户粒收技术采用意愿与行为存在相关性。

表 4 - 6　　　　农户技术采用意愿与行为估计结果

变量	双变量 Probit 模型		Probit 模型	
	采用意愿	采用行为	采用意愿	采用行为
粒收技术了解程度	0.026 (0.106)	0.222 ** (0.110)	0.020 (0.106)	0.200 * (0.108)
认同粒收技术是简单易用的	0.257 *** (0.088)	-0.094 (0.192)	0.252 *** (0.089)	-0.077 (0.194)
认同粒收技术能替代穗收	0.338 *** (0.060)	0.010 (0.082)	0.341 *** (0.062)	0.005 (0.087)
不同机收技术效果对比认知	0.214 * (0.118)	0.451 *** (0.145)	0.216 * (0.120)	0.465 *** (0.145)
粒收技术特征认知	0.363 ** (0.144)	0.098 (0.227)	0.348 ** (0.149)	0.098 (0.227)
是否种植宜粒收品种	0.263 * (0.148)	0.610 ** (0.247)	0.254 * (0.143)	0.643 ** (0.259)
本村是否有烘干塔	-0.105 (0.224)	-0.452 (0.291)	-0.112 (0.224)	-0.490 * (0.293)

续表

变量	双变量 Probit 模型		Probit 模型	
	采用意愿	采用行为	采用意愿	采用行为
本村其他农户是否采用粒收技术	0.707 *** (0.210)	0.861 *** (0.258)	0.688 *** (0.213)	0.872 *** (0.266)
性别	0.061 (0.220)	-0.347 * (0.206)	0.055 (0.223)	-0.374 * (0.207)
年龄	0.015 ** (0.006)	-0.008 (0.010)	0.015 ** (0.006)	-0.009 (0.010)
受教育年限	0.098 *** (0.035)	0.117 *** (0.039)	0.099 *** (0.036)	0.105 *** (0.039)
是否是村干部	-0.670 *** (0.238)	-0.418 (0.281)	-0.665 *** (0.243)	-0.391 (0.292)
是否参加过农业培训	-0.347 * (0.180)	0.342 * (0.196)	-0.350 * (0.180)	0.367 * (0.200)
外出务工天数	-0.001 (0.001)	0.002 *** (0.001)	-0.001 (0.001)	0.002 *** (0.001)
家庭劳动力比例	0.001 (0.003)	-0.007 ** (0.003)	0.000 (0.003)	-0.006 ** (0.003)
家庭人均年收入（对数）	0.073 (0.100)	0.107 (0.107)	0.084 (0.100)	0.109 (0.104)
是否获取信贷	-0.025 (0.234)	-0.413 ** (0.200)	-0.014 (0.236)	-0.376 * (0.200)
是否加入农业合作社	-0.169 (0.258)	-0.001 (0.330)	-0.176 (0.255)	-0.046 (0.338)
是否成立家庭农场或农业合作社	0.400 * (0.225)	-0.094 (0.272)	0.413 * (0.224)	-0.104 (0.277)
玉米种植面积（对数）	-0.064 (0.096)	0.130 ** (0.058)	-0.069 (0.095)	0.120 ** (0.059)
是否单季种植	-0.011 (0.487)	1.279 ** (0.569)	-0.036 (0.514)	1.169 * (0.622)
是否以籽粒形式销售玉米	-0.249 (0.270)	0.164 (0.265)	-0.239 (0.273)	0.161 (0.256)

续表

变量	双变量 Probit 模型		Probit 模型	
	采用意愿	采用行为	采用意愿	采用行为
玉米是否受灾	0.084 (0.123)	0.231 (0.239)	0.081 (0.127)	0.234 (0.243)
之前是否使用过粒收技术	0.705*** (0.224)	0.840*** (0.246)	0.693*** (0.226)	0.846*** (0.247)
本村是否有粒收技术服务	0.487** (0.235)	0.163 (0.250)	0.506** (0.234)	0.186 (0.252)
村粒收与穗收技术服务价格比值	0.287 (0.225)	0.638** (0.270)	0.288 (0.223)	0.618** (0.272)
村委会距乡镇政府距离	0.007 (0.035)	−0.017 (0.040)	0.005 (0.035)	−0.015 (0.039)
村人均收入（对数）	0.380*** (0.110)	−0.245 (0.288)	0.382*** (0.115)	−0.238 (0.285)
本村是否为平原	0.034 (0.237)	−0.197 (0.296)	0.028 (0.235)	−0.209 (0.291)
省份虚拟变量	控制	控制	控制	控制
常数项	−8.056*** (1.623)	−2.396 (3.018)	−8.165*** (1.646)	−2.300 (3.065)
Log likelihood			−181.136	−104.285
Pseudo R^2			0.361	0.497
athrho	0.338** (0.142)			
rho	0.326** (0.127)			
样本量	521	521	521	521

注：*、**和***分别表示在10%、5%和1%的统计水平上显著，括号内为标准差。

从表4-6可以看出，模型拟合效果较好，各变量影响情况具体如下。

在技术认知方面，技术了解程度对农户粒收技术采用行为产生显著正向影响，而对农户粒收技术采用意愿虽影响方向为正向，但在经济意义上不显著，可能原因是农户对粒收技术的了解程度会影响其后续的采用行为，但仅是知道此项技术并未能产生采用意愿；农户认同粒收技术是简单易用的仅对其技术采用意愿产生显著正向影响，未对采用行为产生影响，主要原因可能是我国大多数农户以小规模经营为主，教育水平相对较低且农业培训接受较少，在面临一项新技术时存在一定的使用难题，故当该技术是简单易用时农户更倾向于采用该项技术，多项研究业已证实感知易用性能提高农户对技术采用意愿（李后建，2012；徐涛，2018）；而对于技术替代性认知，农户越认同粒收技术能替代穗收，则粒收技术采用意愿越强，但并未影响其实际采用行为，可能原因是农户虽认为技术可进行替代，但实际采用中还会受到多种因素影响；农户不同机收技术效果对比认知对其技术采用意愿与行为均产生了显著正向影响，可能原因是农户作为理性经济人，技术选择决策主要以利润最大化为目标，故技术效果认知越好，其采用意愿与行为越高；而粒收技术特征认知仅对采用意愿产生显著正向影响，未能显著影响其采用行为。以上分析验证了假说 H2.1，即技术认知能显著提高农户技术采用意愿与行为，技术基本认知、易用性认知、可替代性认知、技术特征与效果认知均发挥了重要作用。

在技术配套设施方面，农户种植宜粒收品种对技术采用意愿与行为均具有显著正向影响，主要原因可能是粒收技术作业需适配具有早熟、脱水快、高产、耐密植等特性的品种才能达到理想效果（Xie，2022），当农户进行品种配套后，其采用意愿相对较高，更可能在玉米收获时采用该项技术。就烘干设备配套而言，本村有烘干塔对粒收技术采用意愿与行为未产生显著影响，可能原因是我国玉米烘干环节主要由玉米收购商来完成，故该变量对农户粒收技术采用未产生影响。以上分析验证了假说 H2.2，即宜粒收品种配套显著提高了农户技术采用意愿与行为。

在同伴效应方面，本村其他农户采用粒收技术显著正向影响了其技术采用意愿与行为。这主要是因为当本村有其他农户使用该项技术时，农户可以直观地观察到本村其他农户采用粒收技术时的特征与效果，而且可以通过向同村农户进行技术交流与咨询，加深对技术的了解与认知。此外，吉纽斯（Genius，2014）的研究也发现农户间在技术采用行为决策上存在着相互模仿、学习。以上分析验证了假说 H2.3，即同伴效应显著提高了农户技术采用意愿与行为。

其他控制变量的影响。户主特征方面，年龄对农户技术采用意愿产生显著正向影响，而对行为未产生显著影响，可能原因是农户年龄越大越倾向于采用节约劳动力型技术；受教育程度对农户粒收技术采用意愿与行为均具有显著正向影响，可能是因为受教育程度越高的农户对新技术的接纳能力越强（Zhang，2019）；农业培训对农户技术采用意愿产生显著负向影响，而对采用行为产生显著正向影响，这可能是导致农户意愿与行为产生偏差的原因之一；外出务工天数显著正向影响农户技术采用行为，主要因为年务工天数越多的农户越缺少时间和精力管理土地，故选择省时省力的粒收技术来替代劳动投入，此外，务工带来的非农收入可以降低技术采用风险和减少资金约束（Tshikala et al.，2018）。家庭特征方面，家庭劳动力比例则显著负向影响其技术采用行为，表明劳动力禀赋仍是决定农户技术选择的重要因素；获取信贷显著负向影响农户技术采用行为，可能原因是农户获取信贷后，农业生产决策行为更加谨慎，更小可能采用新技术；成立家庭农场或农业合作社的农户技术采用意愿更高，而未对行为产生影响，主要因为农户组织化程度越高，越倾向于尝试新技术；玉米生产经营特征方面，玉米种植面积及单季种植对农户技术采用行为产生显著正向影响，主要是种植规模越大农户，更具有经营优势，倾向于采用更具节本增效优势的新型技术；而单季种植与多季种植相比，可以有更长的玉米籽粒脱水期，以降低玉米籽粒含水率，从而减少收获籽粒破碎。农户之前使用过粒收技术对技术采用意愿与行为均具有显著正向影响，表明农户技术采用意愿与行为会受到之前的技术使用习惯影响。村庄特征方面，本村有粒收技术服务显著提高农户技术采用意愿，可能原因是农业机械化服务能缓解农户面临的机械应用高技术壁垒（Sims et al.，2017），提高农户技术采用倾向；村粒收与穗收技术服务价格比值正向影响了其技术采用行为，通过调研发现粒收与穗收技术服务价格差异不大，故服务价格差异并未对农户技术选择决策产生较大影响；村人均收入增加能显著提高农户技术采用意愿，可能是因为村经济发展水平越高农户新技术接纳能力越强。

3. 稳健性检验

首先，对比双变量 Probit 模型与单方程 Probit 模型估计结果，结果如表 4-6 所示。双变量 Probit 模型中证明技术采用意愿与行为方程中随机扰动项存在正相关，若使用单方程 Probit 模型分别估计将会损失估计效率。此外，尽管两个模型对核心解释变量估计系数方向与显著性保持一致，但估计系数存在一定差异，如技术效果认知上，单方程 Probit 模型高估了不同机收技术效果对比认知对农户技术采用意愿与行为影响。因此，选择双变量 Probit 模型联合估计农户技术采用意愿与行为具有合理性。

其次，结合所用样本特征及粒收技术采用行为特征，选用剔除部分样本来检验模型估计结果稳健性。一是剔除仅采用人工收获的样本，即农户玉米收获仅面临两种机械收获技术可选择；二是剔除玉米种植面积在100亩以上样本，考虑到样本存在玉米种植规模较大群体，其中种植规模100亩以上样本占总样本的15.74%；三是剔除户主年龄60岁以上人的样本，考虑到老年劳动力因自身认知及学习能力劣势（唐林，2021），对新技术实际采用能力较低。稳健性检验结果如表4-7所示，以上双变量 Probit 模型中 rho 值均显著大于0，验证运用双变量 Probit 模型是恰当的，表明农户粒收技术采用意愿与行为存在相关性。从核心变量估计系数来看，三类不同样本模型估计结果与全部样本模型基本保持一致，验证了估计结果具有一定稳健性，不受个别样本变化所影响。

表 4 - 7　　　　　　　　　　基于不同样本的稳健性检验结果

变量	剔除仅采用人工收获样本		剔除玉米种植面积过大样本		剔除老年人样本	
	采用意愿	采用行为	采用意愿	采用行为	采用意愿	采用行为
粒收技术了解程度	0.112 (0.114)	0.203 * (0.121)	0.095 (0.102)	0.267 ** (0.115)	0.009 (0.112)	0.209 * (0.109)
认同粒收技术是简单易用的	0.256 *** (0.092)	-0.104 (0.203)	0.175 * (0.094)	-0.058 (0.208)	0.273 *** (0.083)	-0.086 (0.195)
认同粒收技术能替代穗收	0.344 *** (0.061)	0.043 (0.097)	0.343 *** (0.071)	0.013 (0.076)	0.372 *** (0.075)	0.018 (0.085)
不同机收技术效果对比认知	0.051 (0.101)	0.417 *** (0.143)	0.247 * (0.130)	0.469 *** (0.163)	0.278 ** (0.133)	0.457 *** (0.145)
粒收技术特征认知	0.360 ** (0.144)	0.044 (0.230)	0.290 ** (0.133)	0.144 (0.243)	0.357 ** (0.148)	0.097 (0.221)
是否种植宜粒收品种	0.373 ** (0.177)	0.606 ** (0.251)	0.242 (0.176)	0.526 ** (0.259)	0.248 (0.174)	0.611 ** (0.252)
本村是否有烘干塔	0.015 (0.313)	-0.389 (0.294)	-0.349 (0.284)	-0.396 (0.343)	-0.034 (0.242)	-0.462 (0.298)
本村其他农户是否采用粒收技术	0.792 *** (0.219)	0.869 *** 0.043	0.735 *** (0.242)	0.715 ** (0.347)	0.706 *** (0.219)	0.846 *** (0.264)
控制变量	控制	控制	控制	控制	控制	控制
省份虚拟变量	控制	控制	控制	控制	控制	控制
常数项	-8.842 *** (2.319)	-2.236 (3.097)	-8.357 *** (1.889)	-2.040 (3.316)	-7.181 *** (1.669)	-2.116 (3.029)
athrho	0.369 ** (0.160)		0.247 * (0.144)		0.286 * (0.155)	
rho	0.354 ** (0.140)		0.242 * (0.136)		0.279 * (0.143)	
样本量	430		439		458	

注：* 、** 和 *** 分别表示在 10%、5% 和 1% 的统计水平上显著，括号内为标准差。

4.3 关于农户技术采用意愿与行为关系的讨论

4.3.1 农户技术采用意愿与行为转化

基于第4.1.2节的分析可知，农户对粒收技术采用意愿与行为仍存在偏差，农户意愿并未完全转化为行为。如表4-8所示，无粒收技术采用意愿的农户有399人，占比76.58%；有粒收技术采用意愿的农户有122人，占比23.42%。可见当前农户对粒收技术采用意愿仍然较低，仍需加大粒收技术的宣传与推广，提高农户采用意愿。

表4-8 农户技术采用意愿与行为转化情况

类别	全部样本	无采用行为	同类占比（%）	有采用行为	同类占比（%）
无采用意愿	399	371	92.982	28	7.018
有采用意愿	122	79	64.754	43	35.246
合计	521	450	86.372	71	13.628

具体而言，第一，无粒收技术采用意愿的农户中仅有28人采用了该项技术，占比7.02%。可能的主要原因如下：一是调研农户未能准确表达其技术采用意愿，即其所呈现的意愿是非理性的；二是此部分农户粒收技术采用行为受到其他因素干扰，如农户所在村为粒收技术试验示范村或农户采取农业生产托管方式，从而导致该类农户被动采用该项技术。虽然该类农户采用了该项技术，但其实际是无采用意愿的，呈现出意愿与行为偏差。第二，有粒收技术采用意愿的农户中有43人采用了该项技术，占比35.25%；有79人未采用，占比64.75%。可见，农户意愿向行为转化率仍然偏低，即农户虽有意愿采用技术，但在实际应用过程中受到如品种配套、洪涝灾害等多种因素干扰导致未转化为实际行为，故在技术采用过程中，要注重引导有意愿农户实施采用行为，不断提高农户技术采用意愿向行为转化率。

4.3.2　农户技术采用意愿与行为偏差影响因素分析

本节主要依据表4-6中估计结果来分析农户技术采用意愿与行为偏差影响因素。一般而言，农户技术采用意愿与行为具有较强的一致性，会受到相同因素所影响，在没有其他外部条件限制前提下意愿会决定采用行为。但在意愿向行为转化过程中，农户不可避免会受到外部条件约束导致二者出现偏差。从估计结果来看，不同机收技术效果对比认知、种植的玉米品种宜粒收、本村其他农户采用粒收技术、受教育年限、之前使用过粒收技术等对农户技术采用意愿与行为均产生显著正向影响；本村烘干塔配套情况、家庭人均年收入、农业合作社参与、以籽粒形式销售玉米、村委会距乡镇政府距离、本村地形是否为平原等对农户技术采用意愿与行为未产生显著影响；而粒收技术了解程度、易用性认知、替代性认知及技术特征认知、外出务工天数、家庭劳动力比例、农业培训情况、玉米种植规模、是否单季种植、是否成立家庭农场或农业合作社、本村是否有粒收技术服务等对农户技术采用意愿与行为影响存在差异。

本节主要对技术认知导致农户行为与意愿偏差原因进行讨论，农户对粒收技术了解程度仅对其采用行为产生影响，并未对采用意愿产生显著影响。可能是因为农户仅对粒收技术产生了解并不能形成采用意愿，仍需更深入了解技术其他情况，才能形成意愿；认同粒收技术是简单易用、可替代穗收及技术特征认知均对采用意愿产生显著正向影响，这也证明对技术的深入了解认知是形成采用意愿的关键因素，故在农户粒收技术采用过程中仍需要对技术的多维度特征进行传播；而以上认知并未对农户技术采用行为产生显著影响，主要原因是在农户实际采用行为决策过程中，技术基本认知不足以推动农户产生行为，农户更倾向于技术特征与效果带来的影响，而其他认知已变为次要因素。以上原因也表明仅对技术有基本认知不足以推动农户技术采用意愿向行为转化。

4.4　本章小结

本章基于河北、辽宁、黑龙江和山东4省521份农户调研数据，首先统计分析了农户对玉米机收技术认知及意愿；在此基础上，运用双变量Probit模型实证分析了农户粒收技术采用意愿与行为的影响因素，并讨论了农户粒收技术采用意愿与行为的关系。主要得出以下几个结论。

（1）对于粒收技术，农户了解程度偏低，亲戚朋友等熟人仍是农户了解技术的最主要渠道，表明在农业技术扩散中同伴效应发挥了重要作用；农户主要认为粒收技术是简单易用的；农户对粒收能替代穗收技术的认同程度略低；大部分农户对粒收技术特征存在较差感知，且对粒收技术效果的预期低于穗收，以上均阻碍了粒收技术变迁进程。农户对粒收技术采用意愿仍保持低水平。以上统计性分析结果表明，当前农户对粒收技术整体认知仍然较差，这也将降低农户技术的采用意愿。

（2）农户技术采用意愿与行为的影响因素分析结果表明，技术认知能显著提高农户技术采用意愿与行为，其中，技术易用性认知、替代性认知、技术特征与效果认知显著提高了农户技术采用意愿；不同机收技术效果对比认知显著促进了农户技术采用行为。宜粒收品种配套及同伴效应均对农户技术采用意愿与行为产生显著正向影响。控制变量中受教育程度、之前使用过粒收技术对农户技术采用意愿与行为均具有显著正向影响。成立家庭农场或农业合作社、本村有粒收技术服务、村人均收入仅对农户采用意愿产生显著正向影响；农户为村干部、参加过农业培训仅对农户采用意愿产生显著负向影响；参加过农业培训、外出务工天数、玉米种植面积、单季种植、村粒收与穗收技术服务价格比值仅对农户采用行为产生显著正向影响，家庭劳动力比例、获取信贷仅对农户采用行为产生显著负向影响。以上结果表明，提高农户技术认知、推进宜粒收品种配套及发挥同伴群体的作用是推动农户向粒收技术变迁的重要手段。

（3）通过讨论农户技术采用意愿与行为关系得出，农户技术采用意愿与行为存在明显偏差，无粒收技术采用意愿的农户中仅有 28 人采用了该项技术，占比 7.02%；有粒收技术采用意愿的农户中有 43 人采用了该项技术，占比 35.25%；有 79 人未采用该项技术，占比 64.75%。以上结果表明农户虽具有较高的采用意愿，但在实际应用过程中受到如品种配套、洪涝灾害等多种因素干扰导致未转化为实际行为，故在技术采用过程中，要注重引导有意愿农户实施采用行为，不断提高农户技术采用意愿向行为转化率。而且通过分析农户技术采用意愿与行为偏差影响因素发现农户仅对技术有基本认知仍不足以推动农户技术采用意愿向行为转化，仍需强化农户对技术特征及效果认知，以推动其发生技术变迁。

第5章

农户玉米机收技术采用
影响机制分析

农业技术变迁对农业发展具有深远的影响。然而就我国玉米机收技术变迁历程来看，其变迁进程缓慢，粒收技术难以实现大面积的推广应用，这已严重限制了我国玉米产业高质高效发展。因此，在明确农户玉米机收技术采用影响因素基础上，分析技术采用的主要影响机制，对推动玉米收获由穗收向粒收技术变迁具有重要意义。

创新扩散理论指出一项创新在早期扩散过程中存在少部分采用者，率先采用者会通过施加压力或影响等方式来推动同一社会网络中其他成员采用创新，而随着采用者的不断增多，创新的扩散效应也不断增大，即同伴效应在创新扩散过程中发挥了重要作用，影响了同一群体中的其他成员对创新的行为决策（Manski，1993）。对于粒收技术这一项相对较新的玉米收获技术，仍处于创新扩散的早期阶段，推广与应用程度整体偏低，仅少部分农户采用了该项技术，大部分农户仍存在认知不足、采用意愿偏低等问题。第4章研究发现同伴效应对农户采用意愿与行为具有显著促进作用，促进了粒收技术在农户群体中的扩散，然而关于同伴效应通过何种机制来影响同一群体中其他农户采用该项技术仍未给出明确答案。

基于此,本章重点探究同伴效应对农户玉米机收技术采用的作用机制,结合本章研究可知农户技术认知及采用宜粒收品种是影响其技术采用的关键因素。而同伴效应所具有的信息效应、经验效应及学习效应等多种效应对农户技术认知及宜粒收品种选择将会产生一定影响。故本章主要从农户技术认知及宜粒收品种选择行为两个角度探究同伴效应对农户技术采用的作用机制。

 ## 5.1 模型构建、数据说明与变量设置

5.1.1 模型构建

1. Probit 模型

本章主要关注同伴效应对农户采用粒收技术的作用机制,由于被解释变量"农户粒收技术采用行为"是二元分类变量,故运用 Probit 模型进行估计。模型主要设置如下:

$$P(X_i) = \text{prob}(\Gamma_i = 1 \mid X_i) = \int_{-\infty}^{\beta'X_i} \phi(z)\,\mathrm{d}z = \phi(\beta'X_i) \qquad (5.1)$$

其中,$P(X_i)$ 为农户 i 采用粒收技术的概率,Γ_i 表示农户 i 是否采用粒收技术,当 $\Gamma_i = 1$ 表示农户采用该项技术,反之则不采用;X_i 为影响农户粒收技术采用行为的相关因素,控制变量与第 4.2.1 节相同;β' 为待估计参数向量。

2. 中介效应模型

根据上述理论分析,同伴效应不仅可以直接影响农户粒收技术采用行为,还可以通过促进农户选择宜粒收品种来间接影响农户粒收技术采用行为。参考巴伦等(Baron et al.,1986)、温忠麟等(2004)的研究运

用的中介效应检验程序与方法，采用依次检验法构建同伴效应、农户宜粒收品种选择行为及粒收技术采用行为的中介效应模型。模型如下：

$$Y_i = \alpha + cX_{bi} + d_jX_i + \varepsilon_{1i} \tag{5.2}$$

$$M_i = \beta + aX_{bi} + d_jX_i + \varepsilon_{2i} \tag{5.3}$$

$$Y_i = \gamma + c'X_{bi} + bM_i + d_jX_i + \varepsilon_{3i} \tag{5.4}$$

其中，Y_i 代表农户 i 粒收技术采用行为，为二元分类变量，若 $Y_i = 1$ 代表农户 i 采用粒收技术，若 $Y_i = 0$ 则反之；X_{bi} 代表农户宜粒收品种选择行为，$X_{bi} = 1$ 代表农户 i 选择宜粒收品种，$X_{bi} = 0$ 则反之；M_i 代表同伴效应，即本村其他农户是否采用粒收技术，若 $M_i = 1$ 代表本村其他农户采用粒收技术，$M_i = 0$ 则反之。X_i 代表控制变量。ε_{1i}、ε_{2i}、ε_{3i} 代表对应方程的随机误差项；α、β、γ 为对应方程的截距项。c 为 X_{bi} 影响 Y_i 的总效应，c' 为 X_{bi} 影响 Y_i 的直接效应，ab 为 M_i 的中介效应。

由于因变量与中介变量均为二分类变量，借鉴已有研究方法，运用 Logit 回归模型替代线性回归模型（刘红云等，2013；温忠麟等，2014）。式（5.2）、式（5.3）及式（5.4）均改写为 Logit 回归模型，模型如下：

$$Y' = P(Y' = 1|X) = \ln \frac{P(Y' = 1|X)}{P(Y' = 0|X)} \tag{5.5}$$

$$M = P(M = 1|X) = \ln \frac{P(M = 1|X)}{P(M = 0|X)} \tag{5.6}$$

$$Y'' = P(Y'' = 1 \mid M, X) = \ln \frac{P(Y'' = 1 \mid M, X)}{P(Y'' = 0 \mid M, X)} \tag{5.7}$$

虽然中介效应模型中三个方程均采用了 Logit 回归模型进行估计，研究方法保持了一致，但式（5.5）与式（5.7）中因变量取值概率受到不同自变量的影响，导致回归系数 c 与 c' 的量尺存在差异。刘红云（2013）指出不同方程得到的回归系数若量尺不同，则无法计算中介效应。故参照麦金农（Mackinnon，2008）、刘红云（2013）提出的解决方法，通过标准化转换来实现回归系数的等量尺化。具体转换公式如下：

$$a^{std} = a \times \frac{SD(X)}{SD(M)}, \quad SE(a^{std}) = SE(a) \times \frac{SD(X)}{SD(M)} \tag{5.8}$$

$$b^{std} = b \times \frac{SD(M)}{SD(Y'')}, \quad SE(b^{std}) = SE(b) \times \frac{SD(M)}{SD(Y'')} \tag{5.9}$$

$$c^{std} = c \times \frac{SD(X)}{SD(Y')}, \quad SE(c^{std}) = SE(c) \times \frac{SD(X)}{SD(Y')} \tag{5.10}$$

$$c'^{std} = c' \times \frac{SD(X)}{SD(Y'')}, \quad SE(c'^{std}) = SE(c') \times \frac{SD(X)}{SD(Y'')} \tag{5.11}$$

其中，a^{std}、b^{std}、c^{std}、c'^{std} 为标准化系数，a、b、c、c' 为 Logistic 回归获得的系数；$SE(\cdot)$ 代表回归系数对应的标准误，$SD(\cdot)$ 代表 Logistic 分布方差，其中，$SD(X)$ 可由原始数据计算获得，$SD(M)$、$SD(Y')$ 和 $SD(Y'')$ 计算方法如下：

$$\mathrm{Var}(Y') = c^2 \mathrm{Var}(X) + \frac{\pi^2}{3} \tag{5.12}$$

$$\mathrm{Var}(Y'') = c'^2 \mathrm{Var}(X) + b^2 \mathrm{Var}(M) + 2c'b\mathrm{cov}(X,M) + \frac{\pi^2}{3} \tag{5.13}$$

其中，$\frac{\pi^2}{3}$ 是 Logistic 分布方程的标准误。将式（5.12）~ 式（5.13）代入式（5.9）~ 式（5.11），则可以计算出标准化的回归系数，$a^{std} \times b^{std}$ 代表中介效应，$a^{std} \times b^{std}$ 的显著性代表了中介效应显著性。

依次检验法判断中介效应大小及显著性主要包括以下步骤。

第一步，将核心自变量同伴效应对因变量农户粒收技术采用行为进行回归，得到回归系数 c，检验系数 c 是否显著；第二步，将核心自变量同伴效应对中介变量农户宜粒收品种选择行为进行回归，得到回归系数 a，检验系数 a 是否显著；第三步，将核心自变量与中介变量对因变量进行回归，得到估计系数 b、c'，若回归系数 a、b、c、c' 均显著则证明存在部分中介效应，若 a、b、c 显著，c' 不显著则证明存在完全中介效应。虽然依次检验法已被学者们广泛用于中介效应检验，但依次检验法检验效力相对较低，可能得到中介效应不显著而实际乘积系数显著的悖论（Mackinnon et al.，2002）。

本书进一步采用了 Sobel 法进行了中介效应检验。雅科布奇（Iacobucci，2012）指出对于二分类因变量或中介变量模型，建议使用 Sobel 法进行中介效应检验。该方法主要运用等量尺化的回归系数，检验 $a^{std} \times b^{std}$ 的显著性，当乘积显著时则代表存在中介效应，否则不存在中介效应。Sobel 法检验统计量 Z 计算公式如下：

$$Z = a^{std} \times b^{std} / SE(ab^{std}) \tag{5.14}$$

$$SE(ab^{std}) = \sqrt{(a^{std})^2 [SE(b^{std})]^2 + (b^{std})^2 [SE(a^{std})]^2} \tag{5.15}$$

在正态性假设性下，中介效应的置信区间计算公式如下：

$$\left[ab^{std} - Z_{\frac{\alpha}{2}} \times SE(ab^{std}), ab^{std} + Z_{\frac{\alpha}{2}} \times SE(ab^{std}) \right] \tag{5.16}$$

5.1.2　数据说明与变量设置

1. 数据说明

本节主要关注农户粒收技术采用行为的影响机制，所用数据与第 4 章保持一致，共计 521 个样本。数据来源详见第 3.2.1 节。

2. 变量设置

本章仍延续第 4 章变量设定，变量描述性统计见表 4-1。

（1）被解释变量。农户粒收技术采用行为。主要依据农户是否采用粒收技术进行设置，若采用则赋值为 1，未采用赋值为 0。

（2）核心解释变量。同伴效应，主要通过本村是否有其他农户采用粒收技术变量反映，若本村有其他农户采用粒收技术，则赋值为 1；若无，则赋值为 0。该变量也作为农户技术认知对粒收技术采用行为调节效应中的调节变量。农户技术认知变量，主要聚焦技术特征及效果认知对农户粒收技术采用行为影响，变量根据第 4 章农户技术认知因子分析结果进行设定。

（3）中介变量。根据上述理论分析选取农户是否选择宜粒收品种作为中介变量。

（4）控制变量。本书还从户主、家庭、玉米生产经营及村庄等特征来设置控制变量。在户主特征方面，主要设置了户主性别、年龄、受教育年限、是否为村干部及参加农业培训等；家庭特征主要设置了家庭劳动力比例、家庭人均年收入、是否获取信贷、是否加入农业合作社、是否成立家庭农场或农业合作社等；玉米生产经营特征主要设置玉米种植面积、是否单季种植、是否以籽粒形式销售玉米、玉米是否受灾及农户之前是否使用过粒收技术；技术配套情况主要设置本村是否有烘干塔；村庄特征主要设置本村是否有粒收技术服务、村粒收与穗收技术服务价格比值、村委会距乡镇政府距离、村人均收入及地形是否为平原等，此外还控制了省份特征变量。

5.2　同伴效应对农户粒收技术采用行为的调节效应分析

为研究同伴效应对技术认知影响农户粒收技术采用行为的调节效应，将样本分为本村其他农户采用粒收技术及其他农户未采用粒收技术两类群体，运用 Probit 模型估计两类群体农户技术认知对其粒收技术采用行为影响。结果如表 5 - 1 所示，就不同机收技术效果对比认知而言，本村有其他农户采用粒收技术情况下，不同机收技术效果对比认知系数为 0.868，在 1% 统计水平下显著影响农户粒收技术采用行为，且从边际效应来看，本村有其他农户采用粒收技术下，农户不同机收技术效果对比认知提高 1%，农户粒收技术采用概率提高 14.0%；而对于本村无其他农户采用粒收技术的农户而言，不同机收技术效果对比认知虽显著影响农户粒收技术采用行为，但其影响程度远小于本村有其他农户采用粒收技术的农户，边际效应仅为 3.7%，结果证明同伴效应显著增强了不同机收技术效果对比认知对农户技术采用行为影响。就粒收技术特征认知而言，本村有其他农户采用粒收技术情况下，粒收技术特征认知系数为 0.459，在 10% 统计水平下显著影响农户粒收技术采用行为，且从边际效应来看，本村有其他农户采用粒收技术下，农户粒收技术特征认知提高 1%，农户粒收技术采用概率提高 7.4%；而对于本村无其他农户采用粒收技术的农户而言，粒收技术特征认知对农户粒收技术采用行为虽呈现出显著正向影响，但影响程度较小，边际效应仅为1%。同伴效应能显著增强技术特征及效果认知对农户技术采用行为影响的主要原因可能是：对于同村有其他农户采用粒收情况下，农户能更加直观地观察到该项技术的特征及效果，并且可以从其他农户了解到该项技术特征及实际使用的效果，从而促进农户对粒收技术的采用。以上分析发现，同伴效应增强了农户技术特征与效果认知对农户采用粒收技术的影响，假说 H2.4 得以验证。

表 5 - 1　　　　　　　　　　同伴效应的调节效应估计结果

变量	本村有其他农户采用粒收技术		本村无其他农户采用粒收技术	
	Probit 模型	边际效应	Probit 模型	边际效应
不同机收技术效果对比认知	0.868 *** (0.249)	0.140 *** (0.041)	0.591 *** (0.165)	0.037 *** (0.008)
粒收技术特征认知	0.459 * (0.237)	0.074 * (0.040)	0.152 ** (0.076)	0.010 ** (0.004)
是否种植宜粒收品种	0.484 (0.370)	0.078 (0.057)	0.987 *** (0.362)	0.062 *** (0.019)
本村是否有烘干塔	− 0.195 (0.619)	− 0.032 (0.100)	− 1.049 ** (0.508)	− 0.066 ** (0.031)
性别	− 0.596 (0.528)	− 0.096 (0.086)	0.047 (0.221)	0.003 (0.013)
年龄	0.015 (0.017)	0.002 (0.003)	− 0.027 * (0.014)	− 0.002 * (0.000)
受教育年限	0.193 *** (0.060)	0.031 *** (0.010)	0.073 (0.051)	0.005 (0.003)
是否是村干部	− 0.132 (0.580)	− 0.021 (0.093)	− 0.819 *** (0.279)	− 0.051 *** (0.020)
是否参加过农业培训	0.333 (0.330)	0.054 (0.053)	0.712 ** (0.310)	0.045 ** (0.021)
外出务工天数	0.007 ** (0.003)	0.001 ** (0.000)	− 0.000 (0.001)	0.000 (0.000)
家庭劳动力比例	− 0.016 (0.010)	− 0.003 (0.001)	− 0.011 ** (0.004)	− 0.001 ** (0.000)
家庭人均年收入（对数）	0.417 ** (0.187)	0.067 ** (0.027)	0.293 ** (0.139)	0.018 ** (0.009)

变量	本村有其他农户采用粒收技术		本村无其他农户采用粒收技术	
	Probit 模型	边际效应	Probit 模型	边际效应
是否获取信贷	-0.785* (0.420)	-0.127* (0.066)	-0.283 (0.345)	-0.018 (0.023)
是否加入农业合作社	-0.497 (0.634)	-0.080 (0.100)	0.661 (0.593)	0.041 (0.035)
是否成立家庭农场 或农业合作社	-0.110 (0.448)	-0.018 (0.072)	-0.916 (0.585)	-0.057 (0.033)
玉米种植面积（对数）	0.306*** (0.105)	0.049*** (0.017)	-0.035 (0.125)	-0.002 (0.008)
是否单季种植	3.184** (1.362)	0.515** (0.222)	0.939 (0.707)	0.059 (0.044)
是否以籽粒形式销售玉米	-1.133* (0.617)	-0.183* (0.095)	0.239 (0.257)	0.015 (0.014)
玉米是否受灾	1.259** (0.520)	0.204** (0.091)	0.084 (0.194)	0.005 (0.012)
之前是否使用过粒收技术	1.489*** (0.401)	0.241*** (0.062)	1.059 (0.649)	0.066 (0.035)
本村是否有粒收技术服务	0.754 (0.701)	0.122 (0.109)	-0.120 (0.366)	-0.007 (0.022)
村粒收与穗收技术 服务价格比值	0.464 (0.601)	0.075 (0.097)	0.888** (0.386)	0.056** (0.023)
村委会距乡镇政府距离	-0.005 (0.075)	-0.001 (0.012)	-0.040 (0.063)	-0.002 (0.004)
村人均收入（对数）	0.027 (0.409)	0.004 (0.066)	-0.504** (0.251)	-0.032** (0.014)
本村是否为平原	-1.196* (0.679)	-0.193* (0.109)	-0.043 (0.493)	-0.003 (0.030)
省份虚拟变量	控制	控制	控制	控制
常数项	-7.951** (3.621)			0.118 (3.017)
Log likelihood	-33.852		-47.584	
Pseudo R²	0.573		0.424	
样本量	116		405	

注：*、** 和 *** 分别表示在10%、5%和1%的统计水平上显著，括号内为标准差。

5.3 农户粒收技术采用行为的中介效应分析

本节实证分析了农户粒收技术采用行为的中介效应，估计结果如表 5 - 2 所示。首先，同伴效应对农户粒收技术采用行为的总效应在 1% 统计水平下显著为正。其次，同伴效应对农户宜粒收品种选择行为具有正向影响，并通过了 5% 统计水平下显著性检验，且同伴效应与宜粒收品种选择行为对农户粒收技术采用行为均具有正向影响，并均通过了 1% 统计水平下显著性检验，因此得出农户宜粒收品种选择行为在同伴效应影响农户粒收技术采用行为中具有部分中介效应，即本村有其他农户采用粒收技术会通过信息效应及经验效应促进农户选择宜粒收品种，进而提高农户粒收技术采用概率。农户选择宜粒收品种具有显著的中介效应主要原因在于宜粒收品种配套能显著提高粒收技术效果，降低收获时玉米籽粒含水率，减少收获时籽粒破碎。这也表明在玉米收获由穗收向粒收技术变迁过程中，仍需推动适宜粒收品种的研发与配套。对农户粒收技术采用行为估计结果与第 4 章估计结果近乎一致，本节不再赘述；农户宜粒收品种选择行为方程结果表明，受教育年限、家庭人均年收入、之前使用过粒收技术、村粒收与穗收技术服务价格比值及村人均年收入对农户宜粒收品种选择行为产生显著正向影响；而家庭劳动力比例、技术特征及效果认知则产生显著负向影响，技术认知变量对农户宜粒收品种选择与技术采用行为影响方向相反的主要原因可能是，农户若认为粒收技术特征及效果较好，则不会担心技术使用问题，也不会进行宜粒收品种配套种植。

表 5 - 2　　　　　　　　　中介效应估计结果

变量	核心自变量对因变量影响	核心自变量对中介变量影响	核心自变量与中介变量对因变量影响
	技术采用	宜粒收品种选择	技术采用
本村是否有其他农户采用粒收技术	1.713 *** (0.489)	0.699 ** (0.317)	1.637 *** (0.503)

续表

变量	核心自变量对因变量影响	核心自变量对中介变量影响	核心自变量与中介变量对因变量影响
	技术采用	宜粒收品种选择	技术采用
是否种植宜粒收品种			1.215 *** (0.427)
不同机收技术效果对比认知	0.786 *** (0.237)	− 0.234 * (0.121)	0.864 *** (0.245)
粒收技术特征认知	0.072 (0.231)	− 0.544 *** (0.128)	0.232 (0.245)
本村是否有烘干塔	− 0.965 * (0.557)	0.436 (0.317)	− 1.078 * (0.572)
性别	− 0.656 (0.482)	− 0.133 (0.295)	− 0.696 (0.485)
年龄	− 0.004 (0.019)	0.017 (0.012)	− 0.010 (0.020)
受教育年限	0.227 ** (0.090)	0.171 *** (0.055)	0.207 ** (0.093)
是否是村干部	− 0.485 (0.600)	− 0.044 (0.352)	− 0.550 (0.599)
是否参加过农业培训	0.703 (0.463)	0.386 (0.273)	0.722 (0.477)
外出务工天数	0.004 * (0.002)	− 0.000 (0.001)	0.003 * (0.002)
家庭劳动力比例	− 0.012 (0.008)	− 0.012 ** (0.005)	− 0.008 (0.008)
家庭人均年收入（对数）	0.098 (0.244)	0.295 * (0.159)	0.069 (0.252)
是否获取信贷	− 0.268 (0.548)	0.235 (0.354)	− 0.398 (0.565)
是否加入农业合作社	0.027 (0.582)	0.047 (0.350)	0.037 (0.599)
是否成立家庭农场 或农业合作社	− 0.293 (0.631)	0.197 (0.357)	− 0.442 (0.634)
玉米种植面积（对数）	0.255 (0.181)	− 0.105 (0.110)	0.289 (0.181)

续表

变量	核心自变量对因变量影响	核心自变量对中介变量影响	核心自变量与中介变量对因变量影响
	技术采用	宜粒收品种选择	技术采用
是否单季种植	1.934 ** (0.985)	−0.121 (0.781)	2.222 ** (0.997)
是否以籽粒形式销售玉米	0.164 (0.537)	−0.287 (0.306)	0.328 (0.558)
玉米是否受灾	0.479 (0.440)	0.144 (0.258)	0.543 (0.448)
之前是否使用过粒收技术	1.780 *** (0.456)	0.997 *** (0.354)	1.556 *** (0.478)
本村是否有粒收技术服务	0.429 (0.452)	−0.247 (0.281)	0.486 (0.464)
村粒收与穗收技术服务价格比值	1.203 ** (0.500)	0.813 *** (0.289)	1.115 ** (0.514)
村委会距乡镇政府距离	−0.020 (0.060)	0.010 (0.038)	−0.027 (0.062)
村人均收入（对数）	−0.446 (0.371)	0.418 * (0.216)	−0.547 (0.379)
本村是否为平原	−0.329 (0.522)	−0.199 (0.300)	−0.342 (0.528)
省份虚拟变量	控制	控制	控制
常数项	−2.878 (4.227)	−9.636 *** (2.837)	−2.055 (4.304)
Log likelihood	−109.233	−248.351	−105.074
Pseudo R^2	0.473	0.229	0.494
样本量	521	521	521

注：*、** 和 *** 分别表示在 10%、5% 和 1% 的统计水平上显著，括号内为标准差。

　　尽管依次检验法已经证明农户宜粒收品种选择行为是中介变量，但该检验方法检验效力较低。故根据式（5.8）~式（5.16）对估计系数进行标准化以进行后续计算与检验。在此基础上运用 Sobel 法进行了中介效应检验，以提高检验力，结果如表 5-3 所示。农户选择宜粒收品种在同伴效应对农户粒收技术采用行为影响的中介效应值为 0.170，通过了 10%

统计水平上显著性检验，置信区间为（0.085，0.255），0 值未在置信区间内，再次证明农户选择宜粒收品种变量具有显著的中介效应，假说 H2.5 得以验证。通过计算可知，同伴效应对农户粒收技术采用行为影响中有 34.152% 来自宜粒收品种选择的推动。

表 5 – 3 等量尺化系数及中介效应检验

类别	变量	自变量对因变量影响	自变量对中介变量影响	自变量与中介变量对因变量影响
		技术采用	宜粒收品种选择	技术采用
标准化估计系数	是否选择宜粒收品种			0.270 *** （0.095）
	本村是否有其他农户采用粒收技术	0.366 *** （0.104）	0.629 ** （0.286）	0.328 *** （0.101）
	控制变量	控制	控制	控制
等量尺化系数 Sobel 检验	$a^{std} \times b^{std}$	0.170 * （0.098）		
	Z 统计量	1.741		
	置信区间	（0.085，0.255）		
	中介效应占比	34.152%		
	样本量	521	521	521

注：*、** 和 *** 分别表示在 10%、5% 和 1% 的统计水平上显著，括号内为标准差。

5.4 稳健性检验

5.4.1 调节效应估计结果的稳健性检验

本节对同伴效应的调节效应结果进行了稳健性检验，结果如表 5 – 4 所示。首先通过更换估计方法检验稳健性，通过对比 Logit 和 Probit 模型估计结果发现，与本村无其他农户采用粒收技术相比，同伴效应显著增强了技术特征与效果认知对农户采用粒收技术的影响。此外，考虑到老

年群体由于行动不便等原因，与本村其他农户沟通交流更少，同伴效应
发挥的作用有限，且该类群体对新技术的认知能力偏弱，故剔除年龄在
60 岁以上老年群体以进行稳健性检验，研究结果展示剔除老年群体后，
研究结论仍然成立，表明估计结果具有稳健性。

表 5 - 4   调节效应稳健性检验

变量	本村有其他农户采用粒收技术		本村无其他农户采用粒收技术	
	剔除老年人样本	Logit 模型	剔除老年人样本	Logit 模型
不同机收技术效果 对比认知	0.868 *** (0.249)	1.494 *** (0.496)	0.607 *** (0.183)	1.165 *** (0.403)
粒收技术特征认知	0.458 * (0.237)	0.904 * (0.492)	0.120 (0.085)	0.306 * (0.168)
控制变量	控制	控制	控制	控制
省份虚拟变量	控制	控制	控制	控制
常数项	- 7.944 ** (3.620)	- 14.595 ** (7.056)	0.887 (2.951)	3.296 (6.819)
Log likelihood	- 33.851	- 33.992	- 43.897	- 47.770
Pseudo R^2	0.559	0.571	0.426	0.422
样本量	112	116	346	405

注：*、** 和 *** 分别表示在 10%、5% 和 1% 的统计水平上显著，括号内为标准差。

5.4.2　中介效应估计结果的稳健性检验

本节对宜粒收品种选择的中介效应估计结果进行了稳健性检验，主
要通过将上文 Logit 模型更换为 Probit 模型，以检验估计结果是否发生变
化。本节不再列出依次检验法结果，仅列出 Sobel 法检验结果。结果如
表 5 - 5 所示，更换 Probit 模型后估计的中介效应值为 0.061，通过了
10% 统计水平上显著性检验，置信区间为（0.031，0.092），0 值未在置
信区间内，表明更换估计方法后仍存在显著的中介效应，证明研究估计
结果具有稳健性。但中介效应值小于 Logit 模型估计值，主要原因在于
Logit 模型与 Probit 模型设定的分布函数不同。

表 5 − 5   中介效应稳健性检验

类别	变量	自变量 对因变量影响	自变量 对中介变量影响	自变量与中介变量 对因变量影响
		技术采用	宜粒收品种选择	技术采用
标准化 估计系数	是否选择宜 粒收品种			0.158 *** (0.056)
	本村是否有其他 农户采用粒收技术	0.201 *** (0.058)	0.387 ** (0.173)	0.193 *** (0.058)
	控制变量	控制	控制	控制
等量尺化 系数 Sobel 检验	$a^{std} \times b^{std}$	0.061 * (0.098)		
	Z 统计量	1.741		
	置信区间	(0.031，0.092)		
	中介效应占比	24.046%		
	样本量	521	521	521

注：*、** 和 *** 分别表示在 10%、5% 和 1% 的统计水平上显著，括号内为标准差。

▶ 5.5　本章小结

本章基于河北、辽宁、黑龙江、山东四省农户调研数据，首先运用 Probit 模型分析了同伴效应对技术特征与效果认知影响农户粒收技术采用行为的调节效应；其次运用依次检验法及 Sobel 检验法分析了农户选择宜粒收品种在同伴效应影响农户粒收技术采用行为中的中介效应，并基于不同样本及不同回归方法检验了以上估计结果的稳健性。主要研究结论如下。

（1）同伴效应能显著增强技术特征及效果认知对农户技术采用行为的影响。即本村有其他农户采用粒收技术时，技术特征及效果认知对农户粒收技术采用行为影响边际效应分别为 14.0%、7.4%，均高于本村无其他农户采用粒收技术时影响的边际效应 3.7%、1.0%。这表明同伴效应对技术特征与效果认知影响农户粒收技术采用行为具有显著的调节效应；充分发挥同伴群体来提高农户技术特征与效果认知是推动粒收技术变迁的重要途径。

（2）宜粒收品种选择在同伴效应影响农户粒收技术采用行为中具有部分中介效应，通过计算得出同伴效应对农户粒收技术采用行为影响中有34.152%来自宜粒收品种选择的推动。结果表明农户选择宜粒收品种是同伴效应促进农户粒收技术采用行为的关键机制。这也表明在推动玉米收获由穗收向粒收技术变迁过程中，仍需推动适宜粒收玉米品种的研发与配套。

（3）基于本章对影响农户玉米机收技术采用调节效应与中介效应的分析，表明在玉米机收技术由穗收向粒收变迁过程中，要充分发挥同伴群体在创新扩散过程中的作用，利用同伴群体粒收技术应用特征与效果来提高农户对技术特征与效果的认知，从而影响其对该项技术的采用决策；而且宜粒收品种在同伴群体影响农户技术采用过程中也发挥了重要的中介机制。因此，本章在第4章明确技术认知、同伴效应及宜粒收品种配套是影响农户向粒收技术变迁的关键因素基础上，进一步明确了以上因素对农户技术采用的作用机制。

第6章

农户玉米机收技术采用的
经济效应评价

改造传统农业的关键是要引进新的农业生产要素（如农业新技术）以提高农业生产能力，使农业成为经济增长的重要源泉（Schultz，1966）。粒收技术作为关键的玉米收获技术，对于实现玉米生产全程机械化，推动我国玉米产业高质高效发展具有重要意义。该项技术于2018～2019年连续两年被农业农村部列为10项农业重大引领性技术之一。同时，国家颁布了一系列政策以推动农户玉米收获由穗收向粒收技术变迁，如《玉米机械化收获减损技术指导意见》为粒收技术应用提供了技术支撑与指导，并制定了该项技术的作业质量要求。此外，农业农村部公布结果显示多地试验示范效果表明玉米粒收比穗收技术节约成本15%，降低粮损6%左右，提升品质等级Ⅰ级以上，亩均节本增效150元左右。[①] 然而，从当前我国粒收技术应用水平来看，截至2019年，其应用面积超过2100万亩，但与我国61926万亩玉米播种面积相比，仍相距甚远[②]。虽然通过

---

① 农业农村部. 我国玉米籽粒收获机械技术应用取得显著效果［EB/OL］.（2020 – 10 – 11）. https://news.cctv.com/2020/10/11/ARTIphyhh9SQ12Ofr1ohDDJa201011.shtml.

② 资料来源：国家统计局、农业农村部。

试验示范表明该项技术效果较好，具有节本增效等特征，但仍需评价农户实际应用的经济效应。

基于以上分析，本章重点评价农户玉米机收技术采用的经济效应。基于农户调研数据，首先，运用随机前沿模型对农户玉米种植技术效率进行测算；其次，运用倾向得分匹配法对农户玉米机收技术采用的经济效应进行评价，以明晰当前我国农户玉米机收技术应用的实际效应。

 ## 6.1　模型构建、数据说明与变量设置

6.1.1　模型构建

1. 随机前沿模型

本书选择随机前沿模型对玉米种植技术效率进行测算。随机前沿模型最早由艾格纳等（Aigner et al.，1977）提出，该模型可以将农业生产过程中受气候、降水、温度等自然条件的随机冲击纳入生产函数，并涵盖农户生产过程中无技术效率的决定因素（Lampach，2021），从而相对精准地估计农业技术效率。模型定义如下：

$$y_i = f(x_i, \beta)\xi_i e^{v_i} \tag{6.1}$$

其中，y_i 与 $f(x_i, \beta)$ 分别为农户 i 在给定投入 x_i 下的实际产出水平与最大产出水平；β 为待估计参数；由于农户在实际生产中可能达不到最大产出水平，故定义 ξ_i 为农户 i 的效率水平，$0 < \xi_i \leq 1$，若 $\xi_i = 1$ 则农户 i 的效率正好位于效率前沿；考虑到农业生产还会受到气候、自然灾害等随机冲击，故定义 $e^{v_i} > 0$ 为随机冲击。

目前 $f(x_i, \beta)$ 生产函数常设定为 Cobb - Douglas 生产函数与超越对数生产函数。其中，Cobb - Douglas 生产函数具有函数形式设定简单、便于估计等特点，但超越对数生产函数包容性更强、形势更加灵活（Bonfiglio et al.，2019），故选取超越对数生产函数进行估计。依据恩甘戈等（Ngango et al.，2021）、曲等（Qu et al.，2020）等研究，投入要素主要选取资本、劳动及土地，函数形式设定如下：

$$\ln Y_i = \beta_0 + \beta_1 \ln K_i + \beta_2 \ln T_i + \beta_3 \ln L_i + \beta_4 (\ln K_i)^2 + \beta_5 (\ln T_i)^2 + \beta_6 (\ln L_i)^2$$
$$+ \beta_7 \ln K_i \times \ln T_i + \beta_8 \ln K_i \times \ln L_i + \beta_9 \ln T_i \times \ln L_i + v_i - u_i \qquad (6.2)$$

其中，Y_i 代表玉米亩均净收益；K_i 代表玉米亩均投入，主要包括种子、化肥、农药、机械作业等方面投入；T_i 代表玉米种植面积；L_i 代表家庭劳动力数量。v_i 代表随机扰动项，服从正态分布，即 $v_i \sim N$（0，σ_u^2）；u_i 代表技术无效率项，反映农户 i 到效率前沿的距离，本书假设 u_i 服从指数分布。v_i 与 u_i 相互独立，服从独立同分布假设。通过极大似然法估计可得技术效率为

$$TE_i = \frac{y_i}{f(x_i, \beta) \times \exp(v_i)} = \exp(-u_i) \qquad (6.3)$$

其中，TE_i 代表玉米种植技术效率，取值范围为 0~1，TE_i 值越大代表技术效率水平越高。

2. 倾向得分匹配法（PSM）

在评估农户粒收技术采用行为对经济效应的影响时，由于农户初始禀赋条件不同（如受教育水平、农业生产经营能力等）（Hennessy et al.，2016；Pham，2021），农户粒收技术采用行为并非是随机的，存在样本自选择行为，从而使估计结果存在选择偏差。而由于农户粒收技术采用的经济效应为玉米收获后所产生，通常对下一期粒收技术的采用产生影响，故农户现期粒收技术采用不受到现期经济效应所影响，二者不存在明显的反向因果关系。因此，本节主要处理由自选择偏差导致的内生性问题，若直接采用最小二乘法估计将导致估计结果有偏。针对此问题，目前的研究已经尝试运用了各种经济模型如工具变量法、双重差分法及倾向得分匹配法等来解决内生性问题。然而就工具变量法而言，其应用需要选择一个甚至更多有效的工具变量来应对内生性问题，但是恰当的工具变量往往较难选择，即误差项的不可观测特征导致无法找到与误差项完全无关的工具变量，此外，工具变量法的应用较为依赖结果方程的函

数形式（Ali et al.，2010）；双重差分法可以一定程度上避免选择偏差对估计结果造成的影响，且能较好地缓解遗漏变量造成的偏误问题，但该方法仅适用于面板数据（Ali & Abdulai，2010），而本书所用数据为横截面数据，故无法应用该方法。因此，本书运用倾向得分匹配法来评估农户采用粒收技术对玉米种植经济效应的影响。倾向得分匹配法是由罗森鲍姆等（Rosenbaum et al.，1983）提出，用以分析样本协变量进入处理组的条件概率，该方法已被广泛应用到经济效应的评估之中（Heckman et al.，1997；Ngango & Hong，2021）。其通过构建反事实分析框架，将采用粒收技术的农户与具有相似特征的未采用农户进行匹配，通过匹配倾向得分可以得到尽可能接近于随机实验的数据，有效规避选择偏差导致的内生性问题对估计结果的影响（Rubin et al.，1974），从而一定程度上缓解由选择偏差带来的内生性问题，提高估计结果的准确性。

罗森鲍姆等（Rosenbaum et al.，1985）指出估计倾向得分时，一般使用形式更为灵活的 Logit 模型进行回归，Logit 模型使用最大似然估计法进行估计，并且假设误差项服从 Logistic 分布。首先，采用粒收技术的农户作为处理组，未采用的农户作为控制组。Logit 模型设定如下：

$$P(X_i) = \mathrm{prob}(H_i = 1 \mid X_i) = F(X_i, \beta') = \frac{\exp(\beta' X_i)}{1 + \exp(\beta' X_i)} \quad (6.4)$$

其中，$P(X_i)$ 为农户 i 采用粒收技术的概率，H_i 代表农户 i 是否采用粒收技术，当 $H_i = 1$ 表示采用，$H_i = 0$ 表示未采用；X_i 为影响农户采用粒收技术的相关因素，主要包括户主特征、家庭特征、玉米生产经营特征及村庄特征等；省份虚拟变量也被加入控制变量，以控制地区因素对估计结果的影响；β' 为待估计参数向量。

其次，通过倾向得分将处理组与控制组进行匹配，为提高匹配效率，以获得较为稳健的匹配结果。本书选用最近邻匹配法、核函数匹配法、半径匹配法这三种常用算法来匹配采用粒收技术的农户与未采用的农户。最近邻匹配法是将处理组与最为接近倾向得分的控制组进行匹配，然后将匹配结果进行简单算术平均，依据阿巴迪等（Abadie et al.，2004），最近邻匹配法采用"一对四匹配",以最小化均方差;核匹配法是通过核函数计算距离权重,以共同支撑区域内的平均权重为依据对处理组与控制组进行匹配(Heckman et al.,1998),本书使用默认的核函数与带宽(0.06);半径匹配法是将半径范围内倾向得分进行加权平均的匹配方法,本书设置默认半径值为0.05。

参与者平均处理效应(ATT)是仅考虑实际参与者的平均效应,玉米经济效应的 ATT 为

$$\text{ATT} = E\big[\,Y_i^T - Y_i^C \,|\, H_i = 1, P(X_i)\,\big]$$

$$= E\big[\,Y_i^T \,|\, H_i = 1, P(X_i)\,\big] - E\big[\,Y_i^C \,|\, H_i = 1, P(X_i)\,\big] \qquad (6.5)$$

其中,Y_i^T 和 Y_i^C 分别代表采用粒收技术农户和反事实分析框架下未采用农户的经济效应。

6.1.2 数据说明与变量设置

1. 数据说明

本章主要关注农户玉米机收技术采用的经济效应,所用数据包括521个样本。

2. 变量设置

(1)结果变量。结果变量主要为玉米种植经济效应,包括玉米种植技术效率,该变量由随机前沿模型估计得出,以及玉米种植亩均净收益、亩均产值、亩均投入成本、玉米单产、玉米销售价格。其中,技术效率用以度量农户采用粒收技术对玉米种植带来的效率变化;亩均净收益用以度量农户采用粒收技术带来的玉米种植成本收益变化;通过分析农户采用粒收技术对玉米亩均产值、单产及亩均投入成本影响来解析玉米成本收益变化的主要根源;玉米销售价格设定主要由于粒收技术作业方式可能造成籽粒的破碎,从而影响玉米销售价格。

(2)处理变量:农户是否采用粒收技术。该变量为二元分类变量。若

采用则赋值为1（作为处理组），未采用则赋值为0（作为控制组）。处理组包含71个农户采用粒收技术，控制组包含450个农户未采用粒收技术。

（3）控制变量。结合上文对关于农户技术采用行为影响因素的研究相关文献评述，主要选取户主特征、家庭特征、玉米生产经营特征及村庄特征等作为控制变量。同时基于粒收技术特征将技术配套变量纳入模型之中，此外还加入了同伴效应及农户不同机收技术采用意愿与之前的技术采用行为相关变量。户主特征主要包括户主性别、年龄、受教育年限、是否是村干部、是否参加农业培训及外出务工天数等变量；家庭特征主要包括家庭劳动力及老年人比例、人均年收入、是否获取信贷等变量；玉米生产经营特征主要包括种植面积、是否单季种植、是否以籽粒形式销售玉米及玉米是否受灾等变量；村庄特征主要包括是否有粒收技术服务、总户数及村地形是否为平原等变量；技术配套主要包括是否种植宜粒收品种及本村是否有烘干塔等变量；农户技术采用意愿行为主要包括不同机收技术采用意愿及农户之前是否使用过粒收技术。

经济效应相关变量描述性统计分析结果见表6－1。玉米种植技术效率均值为0.81，标准差为0.13，最小值为0.11，最大值为0.97，表明当前我国玉米种植技术效率虽然已处于相对较高水平，但仍未实现完全效率，且技术效率在不同农户间存在一定的差异；玉米亩均净收益为862.63元，最小值为 -260.00元，表明有农户种植玉米存在亏损，最大值为1980.00元；玉米亩均产值为1336.13元，标准差为360.59元，表明农户玉米种植亩均产值存在一定差异，最小值为181.00元，最大值为2800.00元；玉米单产为1232.34斤/亩，标准差为301.64斤/亩，表明各地区玉米单产存在较大差异，最小值为200.00斤/亩，可能受灾害影响，导致玉米大幅减产，最大值为2000.00斤/亩；玉米销售价格平均为1.09元/斤，近年来国外粮价波动及国内玉米供需平衡趋紧影响，玉米价格已突破1元/斤大关，价格最小值为0.50元，最大值为1.50元。玉米亩均投入为473.51元，最小值184.00元，最大值1150.00元，农户间投入存在一定波动，可能是机械、化肥农药等投入差异所致；玉米种植面积平均为 48.04 亩。

表 6-1　　　　　　　　　　　描述性统计分析

变量类别	变量名称	变量定义	均值	标准差	最小值	最大值
结果变量	种植技术效率	由 SFA 计算得出	0.81	0.13	0.11	0.97
	亩均净收益	元	862.63	382.48	-260.00	1980.00
	亩均产值	元	1336.13	360.59	181.00	2800.00
	单产	斤/亩	1232.34	301.64	200.00	2000.00
	销售价格	元/斤	1.09	0.17	0.50	1.50
玉米种植投入变量	亩均投入	资本投入（元）	473.51	169.23	184.00	1150.00
	种植面积	土地投入（亩）	48.04	102.56	0.20	1000.00
处理变量	家庭劳动力数量	劳动力投入（人）	2.28	0.91	1.00	6.00
	是否采用粒收技术	1=是，0=否	0.14	0.34	0.00	1.00
户主特征	性别	1=男，0=女	0.81	0.39	0.00	1.00
	年龄	周岁	47.79	11.53	17.00	78.00
	受教育年限	年	9.71	2.47	2.00	16.00
	是否是村干部	1=是，0=否	0.13	0.34	0.00	1.00
	是否参加过农业培训	1=是，0=否	0.35	0.48	0.00	1.00
	外出务工天数	天	60.20	109.84	0.00	365.00
家庭特征	劳动力比例	%	57.53	25.23	0.00	100.00
	老年人比例	%	18.35	26.43	0.00	100.00
	人均年收入	万元	1.91	2.14	0.02	28.33
	是否获取信贷	1=是，0=否	0.13	0.34	0.00	1.00
玉米生产经营特征	玉米种植面积	亩	48.04	102.56	0.20	1000.00
	是否单季种植	1=是，0=否	0.45	0.50	0.00	1.00
	是否以籽粒形式销售玉米	1=是，0=否	0.79	0.41	0.00	1.00
	玉米是否受灾	1=是，0=否	0.43	0.50	0.00	1.00
村庄特征	是否有粒收技术服务	1=是，0=否	0.43	0.50	0.00	1.00
	总户数	户	575.92	280.48	86.00	1645.00
	是否为平原	1=是，0=否	0.69	0.46	0.00	1.00
技术配套	是否种植宜粒收品种	1=是，0=否	0.31	0.46	0.00	1.00
	本村是否有烘干塔	1=是，0=否	0.24	0.43	0.00	1.00

续表

变量类别	变量名称	变量定义	均值	标准差	最小值	最大值
同伴效应	本村其他农户是否采用粒收技术	1 = 是，0 = 否	0.22	0.42	0.00	1.00
采用意愿与行为	不同机收技术采用意愿	1 = 穗收，2 = 二者均可，3 = 粒收	1.78	0.75	1.00	3.00
	之前是否使用过粒收技术	1 = 是，0 = 否	0.16	0.36	0.00	1.00
样本量		521				

户主特征方面，户主以男性为主，年龄平均为47.79岁，受教育年限平均为9.71年，是村干部的比例为13.05%，35.12%的户主接受过农业培训，年务工天数平均为60.20天；家庭特征方面，劳动力、老年人比例分别平均为57.53%、18.35%，人均年收入平均为1.91万元，13.44%的家庭获取了农村信贷；玉米生产经营特征方面，玉米种植面积平均为48.04亩，单季种植平均比例为45.49%，78.89%的农户主要以销售籽粒为主，42.99%的农户种植玉米遭遇了自然灾害；村庄特征方面，42.80%的村庄有粒收技术服务，户数平均为575.92户，69.29%的村庄地形为平原；技术配套方面，30.90%的农户种植了宜粒收品种，村庄有烘干塔设施的平均比例为24.38%；农户采用意愿与行为方面，不同机收技术采用意愿平均值为1.78，15.74%的农户之前使用过粒收技术。

6.2 玉米种植技术效率测算

本节利用超越对数随机前沿生产函数对玉米种植技术效率进行了极大似然估计，并对玉米种植技术效率值进行了测算，结果如表6-2所示。首先，技术无效率项在1%统计水平下显著，说明玉米种植存在技术无效率；γ值为0.662，说明复合扰动项主要来自于技术无效率项，这与

农业生产受自然灾害等随机因素冲击相契合。LR 检验值为 98.12，在 1%
统计水平下显著，拒绝了不存在无效率项的原假设，故采用随机前沿模
型是恰当的。从投入变量对玉米种植技术效率影响来看，玉米亩均投入
及家庭劳动力数量均在 1% 统计水平下显著正向影响玉米种植技术效率，
然而玉米种植面积的估计系数不显著。以上结果表明，玉米种植技术效率
的提高更多需要增加资本与劳动投入，而种植面积并未对效率产生影响。

表 6-2　　　　　　　　　　随机前沿模型估计结果

变量名称	系数	标准差
资本投入	3.660 ***	0.907
土地投入	− 0.192	0.131
劳动投入	0.906 *	0.521
资本投入平方项	− 0.285 ***	0.073
土地投入平方项	− 0.005	0.004
劳动投入平方项	− 0.044	0.048
资本投入与劳动投入乘积项	− 0.150 *	0.086
资本投入与土地投入乘积项	0.031	0.021
土地投入与劳动投入乘积项	0.058 ***	0.017
σ^2	0.081 ***	0.007
χ^2	1.400 ***	0.028
γ	0.662	
LR 检验值	98.12 ***	
样本量	521	

注：*、** 和 *** 分别表示在 10%、5% 和 1% 的统计水平上显著，括号内为标准差。资本
投入、土地投入、劳动投入均进行取对数处理。

从玉米种植技术效率值来看（见表 6-3），总体样本的技术效率均值
为 0.813，标准差为 0.128，表明当前我国玉米种植技术效率虽然已处于
相对较高水平，但仍未实现完全效率，且技术效率在不同农户间存在一
定的差异。从各主产省份玉米种植技术效率来看，河北、辽宁技术效率
均值高于全部样本，分别为 0.836、0.859；而黑龙江、山东技术效率均
值低于全部样本，分别为 0.789、0.731。这表明我国玉米种植技术效率

在不同区域间存在一定的差异，仍需进一步提升，以提高玉米产业发展能力。除此之外，不同种植规模农户玉米种植技术效率存在一定差异，种植规模在 200 亩以上的技术效率最高，均值为 0.839，可能原因是此规模的农户已经形成了规模经营效应，机械化程度处于较高水平，效率相对较高；其次，种植规模在 15～100 亩的技术效率也较高，而种植规模小于 15 亩的技术效率最低，种植规模 100～200 亩的技术效率也相对较低，可能是该规模下还未达到规模经营水平，但规模的增大一定程度上形成了粗放经营。在耕作制度方面，单季种植的农户技术效率较高，平均为0.818，可能原因是单季种植玉米生长期长，玉米产量相对较高；种植宜粒收品种群体的技术效率高于未种植群体，可能是种植宜粒收品种群体更可能采用粒收技术，从而产生技术效应；平原地区技术效率高于非平原地区，主要原因在于平原地区更适宜机械作业，作业效率更高。

表 6-3 玉米种植技术效率情况

划分标准	类别	样本量	均值	标准差	最小值	最大值
全部样本		521	0.813	0.128	0.109	0.965
不同省份	河北	209	0.836	0.103	0.334	0.956
	辽宁	106	0.859	0.080	0.611	0.949
	黑龙江	126	0.789	0.143	0.109	0.942
	山东	80	0.731	0.165	0.324	0.965
玉米种植面积	小于 15 亩	320	0.807	0.131	0.178	0.965
	15～50 亩	86	0.824	0.126	0.385	0.942
	50～100 亩	33	0.822	0.148	0.109	0.938
	100～200 亩	46	0.808	0.112	0.292	0.941
	200 亩以上	36	0.839	0.106	0.544	0.949
是否单季种植	是	237	0.818	0.124	0.109	0.949
	否	284	0.809	0.131	0.292	0.965
是否种植宜粒收品种	是	161	0.819	0.123	0.178	0.965
	否	360	0.811	0.130	0.109	0.952
本村是否为平原	是	361	361	0.830	0.120	0.109
	否	160	160	0.775	0.137	0.324

▶ 6.3　倾向得分估计

本节首先采用 Logit 模型估计农户采用粒收技术的概率以获得倾向得分。首先仅对技术配套及同伴效应等关键解释变量进行估计，其次逐步加入户主特征、家庭特征、玉米生产经营特征等控制变量，最后加入全部控制变量以检验 Logit 模型估计结果的稳健性。结果如表 6 - 4 所示，农户种植宜粒收品种、本村其他农户采用粒收技术均对农户技术采用行为产生显著正向影响，本村有烘干塔变量估计系数仅在结果 1 中不显著，在结果 2 ~ 结果 5 均产生显著负向影响，以上检验表明结果 5 具有稳健性。如结果 5 所示，在户主特征方面，户主性别对农户采用粒收技术在10% 统计水平下产生显著负向影响，受教育年限及外出务工天数则均产生显著正向影响，分别通过了 1% 和 5% 统计水平检验；在家庭特征方面，家庭劳动力比例和获取信贷均产生显著负向影响，分别通过了 5% 和 10%统计水平检验；在玉米生产经营特征方面，玉米种植面积及单季种植均产生显著正向影响，分别通过了 1% 和 5% 统计水平检验；不同机械收获技术采用意愿与之前使用过粒收技术均产生显著正向影响，分别通过了5% 和 1% 统计水平检验；本节主要目的在于获得倾向得分，故对解释变量估计结果不进行详细解释说明。

表 6 - 4　　　　　　农户粒收技术采用的 Logit 模型估计结果

变量	模型回归结果				
	结果 1	结果 2	结果 3	结果 4	结果 5
是否种植宜粒收品种	0. 884 *** (0. 339)	0. 825 ** (0. 389)	0. 744 ** (0. 366)	0. 894 ** (0. 365)	0. 883 ** (0. 369)
本村是否有烘干塔	- 0. 620 (0. 439)	- 0. 761 * (0. 448)	- 0. 777 * (0. 434)	- 0. 966 ** (0. 479)	- 0. 853 * (0. 469)
本村其他农户是否采用粒收技术	1. 294 *** (0. 349)	1. 477 *** (0. 358)	1. 480 *** (0. 373)	1. 421 *** (0. 421)	1. 419 *** (0. 452)

续表

变量	模型回归结果				
	结果 1	结果 2	结果 3	结果 4	结果 5
性别		-0.587* (0.346)	-0.592* (0.342)	-0.651* (0.354)	-0.655* (0.355)
年龄		-0.018 (0.027)	-0.015 (0.027)	-0.017 (0.027)	-0.018 (0.025)
受教育年限		0.169** (0.067)	0.182*** (0.068)	0.247*** (0.079)	0.245*** (0.082)
是否是村干部		-0.711 (0.696)	-0.723 (0.712)	-0.712 (0.701)	-0.717 (0.723)
是否参加过农业培训		0.651* (0.366)	0.658* (0.352)	0.570 (0.389)	0.434 (0.454)
外出务工天数		0.002 (0.002)	0.003 (0.002)	0.004** (0.002)	0.004** (0.002)
家庭劳动力比例			-0.011* (0.006)	-0.015*** (0.006)	-0.015** (0.006)
家庭老年人比例			-0.000 (0.006)	0.004 (0.005)	0.002 (0.005)
家庭人均年收入（对数）			0.190 (0.322)	0.073 (0.222)	0.063 (0.229)
是否获取信贷			-0.007 (0.410)	-0.580 (0.378)	-0.700* (0.394)
玉米种植面积（对数）				0.330*** (0.088)	0.371*** (0.093)
是否单季种植				2.480** (1.102)	2.543** (1.056)
是否以籽粒形式销售玉米				0.097 (0.606)	0.117 (0.623)
玉米是否受灾				0.237 (0.515)	0.191 (0.510)
本村是否有粒收技术服务					0.372 (0.497)

续表

变量	模型回归结果				
	结果1	结果2	结果3	结果4	结果5
本村户数（对数）					0.486 (0.368)
本村是否为平原	-0.297 (0.473)	-0.383 (0.618)	-0.328 (0.556)	-0.028 (0.631)	0.016 (0.680)
不同机收技术采用意愿	0.633*** (0.242)	0.595** (0.245)	0.620** (0.249)	0.742*** (0.279)	0.717** (0.288)
之前是否使用过粒收技术	1.576*** (0.429)	1.525*** (0.381)	1.485*** (0.375)	1.499*** (0.376)	1.534*** (0.396)
河北	-0.217 (0.687)	-0.197 (0.690)	-0.362 (0.667)	-0.685 (0.724)	-0.830 (0.760)
黑龙江	0.907 (0.652)	1.470** (0.623)	1.412** (0.615)	-1.479 (1.270)	-1.895 (1.345)
辽宁	-0.341 (0.771)	-0.156 (0.774)	-0.294 (0.748)	-3.399** (1.425)	-3.696*** (1.395)
常数项	-4.244*** (0.912)	-5.124*** (1.718)	-6.524 (4.034)	-7.000** (2.854)	-9.884** (4.353)
Log likelihood function	-129.934	-119.773	-118.525	-112.959	-111.745
Wald chi2	49.30	64.10	89.64	297.18	265.12
Prob > chi2	0.000	0.000	0.000	0.000	0.000
Pseudo R²	0.374	0.423	0.429	0.455	0.461
样本量	521	521	521	521	521

注：*、** 和 *** 分别表示在10%、5%和1%的统计水平上显著，括号内为标准差。

▶ 6.4 经济效应评价结果

6.4.1 估计结果

本节将评价农户采用粒收技术对玉米种植技术效率、净收益、产值、投入成本、销售价格的影响，以系统评价农户采用粒收技术的经济效应。

经济效应评估如表6－5所示。倾向得分匹配法估计结果显示农户采用粒收技术显著提高了玉米种植技术效率、亩均净收益、单产、显著减少了亩均投入成本及玉米销售价格。具体来说，对于玉米种植技术效率，与反事实分析框架下未采用粒收技术的农户相比，基于四近邻匹配算法的 PSM 估计结果显示采用的农户玉米种植技术效率提高 0.095，提升 13.629%，估计结果通过了 5% 统计水平下显著性检验；基于核匹配算法的 PSM 估计结果显示采用农户的玉米种植技术效率提高 0.092，提升 13.281%，估计结果通过了 1% 统计水平上显著性检验；基于半径匹配算法的 PSM 估计结果显示采用的农户玉米种植技术效率提高 0.091，提升 12.963%，估计结果通过了 1% 统计水平上显著性检验。不同匹配算法估计系数虽然存在一定差异，但差异较小，对技术效率提升值在 0.091 ~ 0.095，提升比例在 13% 左右，表明估计结果较为稳健。

表6－5　　　　　　　　农户采用粒收技术的经济效应估计结果

经济效应	四近邻匹配		核匹配		半径匹配	
	ATT	变化率（%）	ATT	变化率（%）	半径匹配	变化率（%）
技术效率	0.095 **	13.629	0.092 ***	13.281	0.091 ***	12.963
亩均净收益	174.581 *	29.796	168.297 *	28.863	157.406 *	26.100
亩均产值	94.289	8.442	87.079	7.800	79.120	6.989
亩均投入成本	− 80.292 *	− 15.120	− 81.219 **	− 15.230	− 78.286 **	− 14.799
单产	201.613 **	19.256	203.878 ***	19.626	197.863 ***	18.831
玉米销售价格	− 0.132 ***	− 11.913	− 0.144 ***	− 12.882	− 0.141 ***	− 12.660
样本量	521		521		521	

注：*、** 和 *** 分别表示在 10%、5% 和 1% 的统计水平上显著。

对于玉米种植成本收益，与反事实分析框架下未采用粒收技术的农户相比，基于四近邻匹配算法的 PSM 估计结果显示采用的农户玉米亩均净收益增加 174.581 元，增加了 29.796%，增加比例较大，估计结果通过了 10% 统计水平上显著性检验；基于核匹配算法的 PSM 估计结果显示采用的农户玉米亩均净收益增加 168.297 元，增加了 28.863%，估计结果通过了 10% 统计水平上显著性检验；基于半径匹配算法的 PSM 估计结果显示采用的农户玉米亩均净收益增加 157.406 元，增加了 26.100%，估计结果通过了 10% 统计水平上显著性检验；不同匹配算法估计结果显示农户采用粒收技术对玉米亩均净收益提升值为 150~180 元，提升比例为 26%~30%，表明估计结果较为稳健。而从亩均净收益构成来看，农户采用粒收技术通过减少亩均投入成本来提高净收益，而对亩均产值没有影响，表明该项技术主要通过节约成本投入来提高农户玉米种植收益。具体而言，与反事实分析框架下未采用粒收技术的农户相比，基于四近邻匹配算法的 PSM 估计结果显示采用的农户亩均投入成本减少 80.292 元，减少了 15.120%，估计结果通过了 10% 统计水平上显著性检验；基于核匹配算法的 PSM 估计结果显示采用的农户亩均投入成本减少 81.219 元，减少了 15.230%，估计结果通过了 5% 统计水平上显著性检验；基于半径匹配算法的 PSM 估计结果显示采用的农户的亩均投入成本减少 78.286 元，减少了 14.799%，估计结果通过了 5% 统计水平上显著性检验。

对于玉米单产而言，与反事实分析框架下未采用粒收技术的农户相比，基于四近邻匹配算法的 PSM 估计结果显示采用的农户单产增加 201.613 斤/亩，增加了 19.256%，估计结果通过了 5% 统计水平上显著性检验；基于核匹配算法的 PSM 估计结果显示采用农户的单产增加 203.878 斤/亩，增加了 19.626%，估计结果通过了 1% 统计水平上显著性检验；基于半径匹配算法的 PSM 估计结果显示采用的农户单产增加 197.863 斤/亩，增加了 18.831%，估计结果通过了 1% 统计水平上显著性检验。结合实际调研情况，农户采用粒收技术带来单产增加的主要原因在于：一方面，农户采用粒收技术收获玉米后立即销售，此时玉米含水率相对较高，千粒重较高，而农户采用穗收技术收获玉米后更倾向于储存玉米，待价而沽，玉米含水率不断降低，千粒重有所下降，故单产相对较低；另一方面，采用新技术的农户往往对农业生产新技术、新品种接纳能力较强，玉米种植水平相对较高，且较为重视农业生产，在农业生产付出较多的时间与精力，故种植的玉米单产较高。

对于玉米销售价格而言，与反事实分析框架下未采用粒收技术的农户相比，基于四近邻匹配算法的 PSM 估计结果显示采用的农户销售价格下降 0.132 元/斤，下降了 11.913%，估计结果通过了 1% 统计水平上显著性检验；基于核匹配算法的 PSM 估计结果显示采用的农户销售价格下降 0.144 元/斤，下降了 12.882%，估计结果通过了 1% 统计水平上显著性检验；基于半径匹配算法的 PSM 估计结果显示采用的农户销售价格下降 0.141 元/斤，下降了 12.660%，估计结果通过了 1% 统计水平上显著性检验。结合实际调研情况，农户采用粒收技术带来销售价格下降的主要原因在于：一方面，农户采用粒收技术收获玉米后直接销售玉米时，玉米籽粒含水率较高，价格相应有所降低；另一方面，农户采用粒收技术收获的玉米破碎率、杂质率相对较高，导致农户玉米售价降低。

6.4.2 平衡性检验

为确保 PSM 方法准确的识别了农户采用粒收技术的经济效应，需满足匹配平衡条件与条件独立性假设（Rosenbaum & Rubin，1983）。匹配平衡检验结果如表 6-6 所示，四近邻匹配、核匹配及半径匹配后的偏差均值分别为 17.800、26.600、24.300，均小于匹配前的 41.900；而且三种算法的偏差中位数分别为 15.300、17.700、18.000，均小于匹配前的 27.500；此外，匹配后似然比检验的 P 值均大于 10%，表明倾向得分匹配后处理组和控制组的控制变量均值不存在显著差异，满足平衡性假设检验。

表 6-6 匹配平衡检验

样本	Pseudo R^2	LR chi2	P 值	偏差均值	偏差中位数
匹配前	0.424	176.000	0.000	41.900	27.500
匹配后[a]	0.122	24.100	0.342	17.800	15.300
匹配后[b]	0.149	27.750	0.184	26.600	17.700
匹配后[c]	0.137	24.710	0.311	24.300	18.000

注：[a]用四近邻算法匹配，[b]用核函数算法匹配，[c]用半径算法匹配。

在进行倾向得分匹配前需要满足重叠假定，即处理组与控制组倾向得分取值范围具有较大重叠范围才可以进行匹配，若倾向得分重叠范围较小将会导致估计结果存在偏差（Caliendo et al.，2005）。因此，本书主要通过绘制农户采用与未采用粒收技术在匹配前与匹配后的共同支撑区域来检验匹配效果。结果如图 6 – 1 所示，匹配前两组样本的倾向得分概率密度存在着显著差异，而匹配后两组样本的倾向得分概率密度近乎一致，倾向得分区间存在较大的共同支撑区域，满足匹配重叠假定，这也表明使用该方法能够在一定程度上缓解内生性问题。

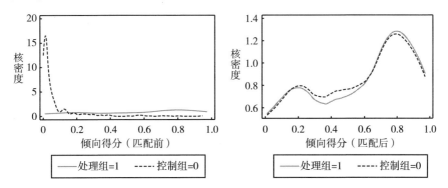

图 6 – 1　匹配前后处理组和控制组的共同支撑域

6.4.3　敏感性检验

本书还运用 Rosenbaum 界限检验评估了 PSM 方法对未观测因素引起的"隐藏偏差"的敏感性（Rosenbaum，2002）。该方法通过估计出敏感性参数 Γ 来判断"隐藏偏差"的大小，Γ 可以反映可能未观测到的其他变量对处理组随机分配的影响程度，例如，$\Gamma = 1$ 表明处理组为随机的，而 $\Gamma = 2$ 表明在相同的样本特征下，未观测因素导致农户采用粒收技术的可能性差异达到 2 倍时，仍不能改变技术采用对经济效应的影响。当 P 值接近 0.05，更高的 Γ 值表明未观测因素导致农户采用粒收技术的可能性存在更大差异时才能改变已有的估计结果，因此，Γ 值越大，表明估计结果越为稳健。如表 6 – 7 所示，不同匹配算法的估计结果 Γ 均大于 1，表明仅当处理组和控制组之间的差异优势比至少超过 1.130 时，PSM 估计结果才会发生变化，即农户采用粒收技术对玉米种植经济效应影响较少受到未观测因素影响。

表 6 - 7 　　　　　　　　　Rosenbaum 界限对隐藏偏差的检验

匹配方法	Γ	最大的 P 值
四近邻匹配	1.130	0.060
核匹配	1.200	0.051
半径匹配	1.150	0.050

注：Γ 是 P 值在 0.05 附近的敏感性参数。

6.4.4　稳健性检验

为进一步检验倾向得分匹配法估计结果的稳健性，本书进一步对比了基于核匹配算法的 PSM 估计结果（见表 6 - 5）与最小二乘法（OLS）估计结果的差异。结果如表 6 - 8 所示，最小二乘法估计结果显示，农户采用粒收技术仅显著减少了玉米销售价格，而对玉米种植技术效率、亩均净收益、单产、亩均投入成本均无显著影响，然而，基于核匹配算法的 PSM 估计结果显示农户采用粒收技术显著提高了玉米种植技术效率、亩均净收益、单产、显著减少了亩均投入成本及玉米销售价格，而且在实际调研过程中也发现农户采用粒收技术对其玉米种植经济效应具有一定的影响。以上结果表明，直接采用最小二乘法进行估计，在未考虑农户粒收技术采用的自选择偏差下，将导致估计结果存在偏误，而运用倾向得分匹配法来评估农户采用粒收技术对玉米种植经济效应的影响时通过构建反事实分析框架，将采用粒收技术的农户与具有相似特征的未采用农户进行匹配，通过匹配倾向得分可以得到尽可能接近于随机实验的数据，有效规避选择偏差对估计结果的影响。这也表明本书所采用的倾向得分匹配法获得的估计结果具有一定的稳健性，一定程度上缓解了内生性问题。

表 6 - 8 　　　　　　　　　最小二乘回归法（OLS）估计结果

变量	最小二乘法回归（OLS）					
	技术效率	亩均净收益	亩均产值	亩均投入成本	单产	玉米销售价格
是否采用粒收技术	- 0.000 (0.018)	- 28.552 (54.978)	- 57.840 (51.117)	- 29.288 (24.551)	20.589 (41.113)	- 0.080 *** (0.021)
控制变量	控制	控制	控制	控制	控制	控制
省份虚拟变量	控制	控制	控制	控制	控制	控制
常数项	0.179 * (0.095)	- 545.514 * (283.707)	- 217.342 (263.783)	328.172 *** (126.692)	- 217.651 (212.156)	1.132 *** (0.107)
R²	0.285	0.284	0.304	0.271	0.356	0.455
样本量	521	521	521	521	521	521

注：* 和 *** 分别表示在10% 和1% 的统计水平上显著。

6.5　经济效应的异质性分析

6.5.1　基于不同种植制度的异质性分析

受气候条件不同的影响，调研区域的四省有不同的耕作制度，东北地区黑龙江和辽宁以温带大陆性季风气候为主，两个省份以单季种植为主；而山东与河北以温带季风气候为主，两个省份主要为两季种植。而不同耕作制度下，作物收获期存在一定的差异，单季种植区域可适当延长玉米籽粒脱水期，可于玉米籽粒含水率较低时收获，更适宜运用粒收技术；而山东与河北以两季种植为主，作物之间种植间隔时间相对较短，玉米籽粒脱水期有限，导致玉米籽粒含水率偏高，从而影响粒收技术效果，而若延长脱水期将会影响下一季作物种植。单季种植群体与非单季种植群体的异质性分析结果如表 6 - 9 所示，为避免赘述，本节只解释基于核匹配算法的 PSM 估计结果，而其余两种算法结果用以验证结果稳健性。如表 6 - 9 所示，农户采用粒收技术仅显著提升了单季种植群体的玉米种植技术效率、亩均净收益及单产，分别提升了21.190% 、39.454% 、

24.055%, 分别通过了1%、10%、5%统计水平上显著性检验; 仅显著降低了单季种植群体的玉米亩均投入成本, 降低了21.716%, 通过了5%统计水平下显著性检验, 而对非单季种植群体的玉米种植技术效率、亩均净收益、单产及亩均投入成本未产生显著影响。农户采用粒收技术对单季与非单季种植群体玉米亩均产值均未产生显著影响; 而对于玉米销售价格, 农户采用粒收技术对单季与非单季种植群体玉米销售价格均产生显著负向影响, 分别下降15.796%、5.904%, 对单季种植群体影响程度更大。以上结果表明种植制度是影响农户采用粒收技术经济效应的重要因素。

表6-9　　　　　　　　　基于不同种植制度的异质性分析

经济效应	变化率（%）					
	单季种植			非单季种植		
	四近邻匹配	核匹配	半径匹配	四近邻匹配	核匹配	半径匹配
技术效率	20.979 **	21.190 ***	20.136 ***	-3.846	-2.030	-2.909
亩均净收益	39.046 *	39.454 *	37.074 *	-8.520	-2.731	-5.306
亩均产值	10.029	10.775	9.947	-4.000	-1.602	-1.920
亩均投入成本	-22.974 **	-21.716 **	-21.819 **	2.754	-0.043	2.969
单产	22.115 *	24.055 **	22.566 **	3.542	3.289	2.772
玉米销售价格	-14.761 ***	-15.796 ***	-15.052 ***	-7.662 **	-5.904 *	-5.851 *
样本量	237	237	237	284	284	284

注: *、** 和 *** 分别表示在10%、5%和1%的统计水平上显著。

6.5.2　基于种植宜粒收品种的异质性分析

粒收技术应用需适配种植具有早熟、成熟期脱水快、高产、抗倒伏、耐密植、耐破碎等特性的品种。异质性分析结果如表6-10所示。农户采用粒收技术仅显著提升了种植宜粒收品种群体的玉米种植技术效率、亩均净收益及单产, 分别提升了23.223%、63.712%、35.762%; 对玉米亩均产值而言, 农户采用粒收技术显著提升了种植宜粒收品种群体亩均产值，提升了 19.803%，而显著降低了未种植宜粒收品种群体亩均产值，降低了 12.440%；而农户采用粒收技术均显著降低了种植与未种植宜粒收品种群体的亩均投入成本及玉米销售价格，两个群体亩均投入成本分别下降 17.371%、13.443%；玉米销售价格分别下降 15.619%、7.080%，两个结果均展示出农户采用粒收技术对配套种植适宜玉米品种群体的亩均投入成本及玉米销售价格影响更大。

表 6 – 10　　　　　　　　基于宜粒收品种选择的异质性分析

经济效应	变化率					
	种植宜粒收品种			未种植宜粒收品种		
	四近邻匹配	核匹配	半径匹配	四近邻匹配	核匹配	半径匹配
技术效率	24.397 ***	23.223 ***	25.304 ***	– 2.081	– 2.561	– 2.691
亩均净收益	66.079 **	63.712 **	68.931 **	– 8.401	– 11.835	– 9.322
亩均产值	22.380 *	19.803 *	22.562 *	– 10.852 *	– 12.440 *	– 12.888 *
亩均投入成本	– 15.759	– 17.371 *	– 16.755 *	– 14.983 *	– 13.443 *	– 18.692 **
单产	36.691 ***	35.762 ***	38.264 ***	– 5.451	– 6.424	– 6.683
玉米销售价格	– 14.505 ***	– 15.619 ***	– 15.046 ***	– 6.140	– 7.080 *	– 7.390 *
样本量	161	161	161	360	360	360

注：*、** 和 *** 分别表示在 10%、5% 和 1% 的统计水平上显著。

▶ 6.6　本章小结

本章基于 521 份农户调研数据，首先运用随机前沿模型测算了玉米种植技术效率，其次采用倾向得分匹配法评估了农户玉米机收技术采用的经济效应。研究主要得出以下结论。

（1）总体样本的玉米种植技术效率均值为 0.813，标准差为 0.128，表明我国玉米种植技术效率虽然已处于相对较高水平，但仍未实现完全效率，且技术效率在不同农户间存在一定的差异。我国玉米种植技术效率在不同区域间存在一定的差异，玉米种植技术效率仍需进一步提升，以提高玉米产业发展能力。

（2）农户采用粒收技术的经济效应估计结果显示，农户采用粒收技术显著提高了玉米种植技术效率、亩均净收益、单产、显著减少了亩均投入成本及销售价格。具体而言，以核匹配算法的 PSM 估计结果为例，与反事实分析框架下未采用粒收技术的农户相比，采用粒收技术的农户的玉米种植技术效率提高 0.092，提升 13.281%、亩均净收益增加 168.297元，增加了 28.863%、单产增加 203.878 斤/亩，增加了 19.626%、亩均投入成本减少 81.219 元，减少了 15.230%、销售价格下降 0.144 元/斤，下降了 12.882%；以上结果证明该项技术具有较好的经济效应，有利于玉米生产降本增效。从亩均净收益构成来看，农户采用粒收技术通过减少亩均投入成本来提高净收益，而对亩均产值没有影响，表明该项技术主要通过节约成本投入来提高农户玉米种植收益。通过对比 PSM 估计结果和最小二乘估计结果发现，PSM 方法在一定程度上缓解了农户粒收技术采用带来的选择偏差导致的内生性问题，估计结果较为稳健。

（3）基于不同种植制度及是否种植宜粒收品种的异质性检验发现，农户采用粒收技术仅显著提升了单季种植群体的玉米种植技术效率、亩均净收益及单产，仅显著降低了单季种植群体的玉米亩均投入成本，而对非单季种植群体未产生显著影响。对单季与非单季种植群体玉米亩均产值均未产生显著影响；而对单季与非单季种植群体玉米销售价格均产生显著负向影响，对单季种植群体影响程度更大。这表明种植制度是影响农户采用粒收技术经济效应的重要因素。农户采用粒收技术仅显著提升了种植宜粒收品种群体的玉米种植技术效率、亩均净收益及单产、亩均产值，而农户采用粒收技术均显著降低了种植与未种植宜粒收品种群体的亩均投入成本及销售价格。

第7章

玉米机收技术变迁路径探索：
基于河北省成安县的案例

在本书中通过检验农户玉米机收技术采用行为影响机制，发现农村社会网络中同伴效应对农户技术认知提高及宜机粒收技术品种选择起到了重要作用，从而促进了农户技术变迁。这也证明对于粒收技术这一项处于创新扩散早期阶段的技术而言，早期采用者所具有的信息效应、经验效应及学习效应对技术变迁发挥了至关重要的作用，当前我国粒收技术采用者最典型的是以农业合作社为代表的新型农业经营主体，该类主体凭借经营规模及资金优势，已成为农业新型技术采用的先驱。而且通过对河北省成安县调研发现，粒收技术扩散过程中，以农业合作社为代表的市场性农技服务主体发挥了重要作用，其通过农技服务与周边农户形成了紧密的联结模式，已成为农业技术扩散进程中典型的同伴群体。故本章以农业合作社作为主要研究对象，围绕第 6 章对农户玉米粒收技术采用的主要影响机制，通过具体案例探索其对农户技术变迁的影响路径。此外，结合第 2 章理论分析可知，公益性农技推广机构所具有的公益服务属性在技术引进过程中发挥了重要作用，为市场性农技服务主体采用新型农业技术做足了技术支撑。因此，本章也将公益性农技推广机构纳入路径探索，以期给出农业技术变迁的完整路径。

综上所述，本章将以河北省成安县粒收技术变迁为典型案例，探寻公益性农技推广服务机构与市场性农技服务主体在技术变迁过程中发挥的作用，同时进一步挖掘同伴效应在创新扩散早期阶段对农户技术变迁发挥的作用机制，为我国玉米机收技术变迁提供参考路径。

▶ 7.1　案例县及调研基本情况

河北省邯郸市是农业大市，属暖温带半干半湿润大陆性气候，地形主要为平原，适宜机械化作业，具有丰富的农业资源。全市划定粮食生产功能区玉米面积479万亩，是全国重要的商品粮生产基地和粮食核心产区。该市在2012年最先引进粒收技术，并于成安县进行技术试验示范，粒收技术扩散取得了显著成效。同时得益于河北省"智慧农场"等全程机械化项目的实施，邯郸市成为智能化、全程机械化试验示范的重点区域，多个县已实现玉米粒收技术的大面积推广与应用，成功打通了玉米产业全程机械化及高质高效发展"最后一公里"。本节主要选取邯郸市率先开展粒收技术试验示范的成安县作为研究案例，通过对该县粒收技术变迁路径的探索，找出适合我国粒收技术变迁的可行路径，并为其他粮食作物农业技术变迁提供理论参考。

成安县位于河北省南部，以小麦玉米两季种植为主，总耕地面积52万亩，其中玉米种植面积25万亩，占全县耕地面积的比重接近50%。截至2022年，全县农机总动力为69万千瓦，拥有大中型拖拉机2000余台，自走式小麦联合收割机1200余台，玉米联合收割机1100余台，联合整地机械3000余台（套），自走式大型植保机械900余台，秸秆还田设备2500余台，粮食烘干机10台（套），为2017年和2019年河北省全程机械化示范县和示范项目提升县。该县大力推动土地流转，2021年土地流转面积达22万亩，土地流转率达44%，为培育新型农业经营主体提供了重要支撑。截至2022年8月，该县有家庭农场285家，农民合作社112家，农业产业化龙头企业30家。

为获取支撑粒收技术变迁路径的案例材料，调研团队于2021年11月及2022年8月两次前往河北省成安县，在对农业部门相关人员了解当地粒收技术发展情况基础上，对农业合作社、种植大户及农户等多元主体进行半结构化访谈与问卷调研，以深入了解该县玉米收获向粒收技术变迁的主要路径，调研共获取2.5万字的调研材料。半结构式访谈对象主要为农业合作社等新型农业经营主体，主要围绕粒收技术引进、应用及扩散相关问题展开；问卷调研主要为新型农业经营主体周边农户，主要了解其对粒收技术了解、认知及采用情况，用以评估农业合作社所发挥的同伴效应。

7.2　成安县玉米粒收技术变迁路径

7.2.1　成安县玉米粒收技术引进阶段

成安县是河北省最先引入粒收技术的地区，2012年开始该县农机部门关注到当地玉米收获后果穗贮存占地面积大，且存在霉变率高、鼠害损失多等问题。面临玉米收获及收获贮存诸多问题，当地农机部门开始探索收获新技术、新方法，通过到其他省份进行技术学习交流及多位玉米产业技术专家指导，着手引进粒收技术。2013年，成安县农机局开始进行玉米粒收技术作业试验，以小麦收获机为基础，通过将小麦割台更换成玉米籽粒割台进行机械粒收试验，但由于初次引进该项技术，缺乏技术使用经验，并未进行宜粒收品种配套，且收割割台改造效果较差，当年采用粒收技术收获的玉米出现籽粒破碎率高、杂质率高等问题，且收获效率相对低下。2014年开始，农机局聚焦玉米品种问题，开展宜粒收品种的筛选与配套种植，在收获时分别设置玉米籽粒含水率20%、

25%、30%进行分组机械粒收试验，当年玉米机械粒收效果有所改善，并确定了该区域玉米籽粒25%及以下含水率是最佳收获区间，但机收技术问题并未得到有效改善。2015年，该县农机局考虑到小麦收获机更换玉米籽粒割台收获效果较差，开始引进玉米籽粒专用收获机械，如洛阳纵轴玉米籽粒收获机，专用粒收机械的引进有效缓解了玉米收获籽粒破碎率高、杂质率高等问题。在粒收机械设备及品种配套问题解决之后，该县农机局开始向本县A和B两家农机合作社进行技术推广，并向省级农业部门申请购机补贴，使得两家农机合作社购买玉米粒收机械仅需负担20%~30%购机成本，极大提高了农业合作社购机热情。与此同时，农机局协助两家合作社配套烘干设备，以确保粒收后玉米及时烘干贮存，并在收获过程中全程提供技术服务及指导，一方面对该项技术使用进行持续跟踪，以检验粒收技术作业实际效果和及时发现技术应用问题；另一方面通过技术指导帮助合作社快速应用粒收技术。此外，该农机局以两家农机合作社为示范点，开展粒收机械作业现场观摩会，向其他种植大户及农户推介该项技术。

截至2021年成安县已有9万亩左右玉米采用粒收，粒收技术应用率超过30%，远高于我国不足10%的技术应用率，技术扩散取得了较好的成效。且该县粒收技术已较为成熟，不仅成功筛选出了多个宜粒收品种如辽单575、农单476、郑原玉432等，且粒收技术已较为成熟。为深入了解该县粒收技术发展水平，本书获取了该县农机局2020年对不同品种粒收技术试验结果，如表7-1所示，该农机局试验的三个宜粒收品种辽单575、农单476、郑原玉432收获时籽粒含水率分别为23.960%、24.360%、24.130%，均低于2021年《农业农村部农业机械化管理司关于印发粮食作物机械化收获减损技术指导意见的函》制定的籽粒含水率要求在25%及以下标准，表明该县玉米收获在配套宜粒收品种后，可以将收获时玉米籽粒降到25%以下以适配技术；此外，辽单575、农单476、郑原玉432收获时籽粒平均破碎率分别为4.300%、5.300%、5.000%，基本符合于粒收技术籽粒破碎率控制在5.0%以内标准，且三个品种收获的玉米籽粒破碎质量占比也均在5%左右小幅波动，以上试验结果表明该县粒收技术发展较为成熟，技术作业符合国家制定的技术标准。

表7-1　　　　　　　　成安县粒收试验结果　　　　　　单位:%

品种名称	籽粒平均含水率	籽粒平均破碎率	籽粒破碎质量占比
辽单575	23.960	4.300	4.300
农单476	24.360	5.300	5.800
郑原玉432	24.130	5.000	5.200

资料来源：成安县农机局2020年展开的粒收技术作业试验。

从河北省成安县玉米粒收技术引进历程来看，玉米收获后贮存占地面积大、霉变率高及损失率高是技术引进的主要动因，表明农业技术变迁的起因在于农业产业发展遇到困境时或是已有技术不足以支撑农业产业更快更好发展，如我国农业由人工作业向机械技术变迁的主要动因也在于人工生产遇到劳动强度大、生产效率低等困境；从农业技术变迁的源头来看，政府部门作为公益性农技推广机构是推动技术变迁的主导力量，正是由于河北省农机部门对玉米产业发展问题解决路径的探索，推动了该项技术的引进与扩散；而农机部门等农技推广机构的公益属性为技术引进后的研发、改进、试验示范等提供了重要支撑。因此，河北省成安县粒收技术引进的历程可归纳为产业发展困境引发技术变迁，农机部门等农技推广机构的公益属性推动了技术变迁。

7.2.2　成安县粒收技术扩散阶段

在农机部门进行粒收技术引进，并进行试验示范确保技术适用于当地玉米收获前提下，该部门率先向农业合作社等市场性农技服务主体进行技术推介与指导，由该类主体进行技术扩散，基于成安县典型农机合作社的调研，本节主要总结了市场性农技服务主体推动农户"主动式"及"被动式"两种技术变迁路径。

1. 农户"主动式"向粒收技术变迁

成安县 A 农机合作社以玉米、小麦等粮食种植、农业机械化服务、农业技术指导及粮食收购等业务为主。2021 年，该合作社土地经营面积为 2600 余亩，拥有 5 台粒收机械设备和 9 台玉米籽粒烘干设备。该合作社在县农机局的推介与指导下于 2015 年开始正式采用粒收技术，并每年都会选择 100～200 亩进行宜粒收品种筛选试验，试验品种主要由中国农业科学院、河北农业大学、河北农业科学院、邯郸农业科学院提供，为粒收技术推广与应用提供了良好条件，目前该合作社玉米收获已经实现了 100% 粒收。

A 农机合作社通过"粒收技术服务与玉米收购服务"促进了周边农户"主动式"采用粒收技术。一是组织机械粒收观摩会，提高周边农户对粒收技术特征及效果认知。该合作社每年都会组织粒收观摩会，向周边农户展示该项技术特征及效果，据合作社负责人所述，每年的观摩会均可吸引 100～200 户农户现场观摩，且粒收技术转化效果较好，部分观摩农户第二年会采用该合作社的粒收技术服务。二是宜粒收品种宣传与推介。通过提供农业技术培训方式向周边农户讲解该项技术品种配套种植的重要性，并讲解相关品种的产量、抗性等特性，以促进农户采用宜粒收品种，为后续技术采用奠定基础。三是提供粒收技术服务。该合作社具有 5 台粒收机械，每天可完成 400～500 亩玉米收获，得益于该项技术作业的高效率，其除完成合作社自种玉米收获外，还向周边农户提供粒收技术服务，解决了农户技术获取难题。此外，该合作社向农户提供技术服务前，会由专业农机手对服务地块玉米的籽粒含水率进行测试，以判断含水率是否符合粒收机械作业标准，这不仅提高了粒收技术效果，减少了籽粒破碎与损失，还通过专业化的机械服务获得了农户的信任，据合作社负责人所述该合作社每年粒收技术服务规模为 1000～2000 亩，极大地带动了周边农户应用该项技术，且提高了合作社经营收益。四是提供玉米收购服务。该合作社在提供粒收技术服务前，会与农户进行沟通是否收获后直接销售玉米籽粒，并沟通好收购价格，收获产生的籽粒破碎率由该合作社负责承担，在一定程度上避免了粒收技术服务不认真及收获后压价问题，通过向农户提供"收获＋收购"一站式服务，解决玉米粒收后售卖及贮存难题，同时可以让农户快速回笼资金，为小麦种植提供了资金支持。根据使用该合作社粒收技术服务的农户反映，该合作社的粒收技术服务减少了收获后玉米晾晒、贮存等工序，相比于穗收后果穗晾晒及脱粒成本每亩地能节约成本 100 元左右，而且还能直接在田间地头就把玉米卖出。

A 农机合作社推动农户向粒收技术变迁成功经验可总结如下两点（见图 7－1）：一是重视技术宣传与指导。通过观摩会形式提高了农户对技术特征与效果认知，同时通过技术培训与指导促进农户宜粒收品种配套，提高技术适用性，这也与本书第 6 章研究结论保持一致，即同伴效应可以通过经验效应增强农户技术认知及促进农户宜粒收品种配套，从而影响其粒收技术采用。二是通过"技术服务＋收购服务"模式既解决了农户技术使用难题，又缓解了由于缺乏烘干设备对农户向粒收技术变迁的制约，此外，田间地头直接收购玉米方式减少了农户籽粒运输、晾晒、贮存等环节，帮助农户节约了玉米收获成本，增加了农户玉米种植收益。

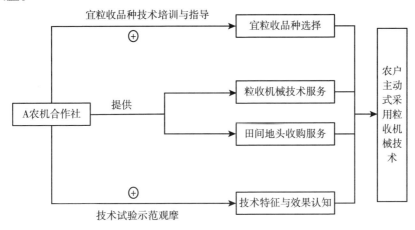

图 7－1　A 农机合作社粒收技术变迁路径

2. 农户"被动式"向粒收技术变迁

成安县 B 农机合作社主营业务为粮食种植、农机服务、土地托管及农产品初加工等业务。2021 年，该合作社拥有社员 228 户，托管土地面积 10000 亩，经营耕地面积 5000 亩，拥有各类农机具 70 余台，其中，玉米粒收机械设备 5 台，粮食烘干设备 3 台。该合作社为全程机械化 + 综合农事服务示范合作社，2017 年、2019 ~ 2021 年四年承担全国、河北省全程机械化示范县创建项目。该合作社通过提供综合农事服务一站式解决农户农业生产难题，服务受益农户达 700 余户，辐射带动周边 8 个村，架起了小农户与现代农业有机衔接的桥梁。该合作社在县农机局推介与指导下，于 2015 年开始引进粒收技术，并进行了小规模农田试验，在经过两年的粒收技术试验，以及宜粒收品种筛选与烘干设备配套之后，该合作社于 2017 年开始大面积进行玉米粒收，基本实现 70% 以上玉米进行粒收。

B 农机合作社以"土地托管"形式促进了周边农户"被动式"采用粒收技术。具体而言，该合作社于 2020 年开始进行土地托管，采取"保底收入 + 分红"方式让农户参与土地托管，并于 2021 年托管周边农户土地 10000 亩。通过"全程托管，农户土地入股"方式，实现了农户土地的集中化、连片化经营。在此基础上托管土地由合作社统一提供玉米种植与收获方案，既包括玉米品种选择，也包括收获方式的选择，而托管农户基本上没有参与到玉米种植决策之中。由于该合作社以玉米粒收技术为主，故在种植时会进行宜粒收品种的配套种植，在收获时统一进行粒收机械作业。此外，收获后的玉米由该合作社统一进行烘干、贮存及售卖。据合作社负责人提供的托管方案来看，一方面，降低了粒收机械使用成本，托管土地粒收技术使用成本平均为 60 元/亩，相较于社会服务成本低 40 元/亩；另一方面，种子投入成本也有所降低，托管土地种子投入成本平均为 35 元/亩，相较于农户平均种子投入成本低 5 元/亩。

B 农机合作社粒收技术推广经验可总结如下（见图 7 - 2）：该合作社

以"土地托管"形式实现农户托管土地的粒收技术应用。具体而言，该合作社通过托管农户土地，统一进行玉米种植决策，保证了宜粒收品种配套种植，为粒收技术应用提供了重要前提条件，而且通过对收获后的玉米统一烘干、贮存及售卖等，提升了玉米品质，提高了玉米售价，使农户享受到了粒收带来的技术红利。该种模式虽然让农户享受到了粒收技术红利，但农户并未参与实际的玉米生产决策，仅是"被动式"采用了该项技术，未能提升农户对粒收技术的认知，若农户退出土地托管之后，不能有效推动农户继续采用该项技术。

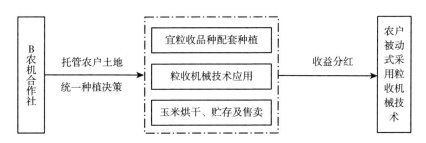

图 7-2　B 农机合作社粒收技术变迁路径

3. 成安县 A 和 B 农机合作社粒收技术变迁模式对比

成安县 A 和 B 农机合作社均促进了农户粒收技术的推广与应用，发挥了同伴效应。两家农机合作社向粒收技术变迁过程具有相似性，一方面，均进行了小规模试验示范，来确保该项技术可以进行大面积推广应用；另一方面，均进行了宜粒收品种筛选与烘干设备配套，以提高技术使用效果。但二者在技术扩散模式上存在较大差异。差异的主要来源于两家农机合作社经营模式，A 农机合作社以向农户提供粒收技术服务为主营业务，粒收技术采用主要由农户来决策，故该合作社为提高服务规模，具有向周边农户提供技术支持与培训的激励，从而提高农户对该项技术认知与宜粒收品种配套，提高农户技术服务采用率；而 B 农机合作社以土地托管为主营业务，粒收技术使用及宜粒收品种配套由合作社进行统一决策，农户未参与粒收技术采用决策，故该合作社缺乏向周边农户提供技术支持与培训的激励，虽周边农户"被动式"享受了技术变迁的红利，但一旦土地托管关系结束，农户很难再继续采用该项技术。

 ## 7.3 成安县粒收技术变迁的核心逻辑与路径

7.3.1 技术引进阶段：公益性农技推广机构起主导作用

公益性农技推广机构是无偿向农业经营主体提供农业技术或产品的服务组织，主要负责农业技术试验与推广，已成为推动农业发展、促进农业技术扩散的重要力量。根据对成安县玉米粒收技术的引进过程梳理可以发现，农机部门等公益性农技推广机构对新技术的引进起到了主导作用。

首先，公益性农技推广机构通过组织新技术的试验提高了技术的适用性。一项新技术的应用需经历多次试验，才能达到大面积应用标准。而试验所需的高额成本会遏制大部分农业经营主体引进新技术，且大部分农业经营主体尤其是农户主要是风险规避者，面临一项具有不确定性效果的新技术时，采用决策行为相对谨慎。从成安县粒收技术引进过程来看，农机局承担粒收技术引进与试验工作，在经历了 2013 年小麦割台换玉米割台收获籽粒破碎率、杂质率高等问题，2014 年宜粒收品种试验筛选及 2015 年玉米籽粒专用收获机引进后才开始向当地农机合作社进行技术推介。

其次，公益性农技推广机构通过技术指导与支持来帮助农业合作社等主体快速应用新技术。对于一项新技术，尤其是粒收技术这一类集成农业技术，若技术应用不当将导致农业经营主体受到较大损失，从而抑制农业经营主体持续采用新技术的积极性。成安县农机局通过给予当地合作社宜粒收品种筛选、粒收技术应用全程指导，并对收获玉米籽粒含水率及破碎率等指标进行测试，一方面促进农业合作社较快较好地应用新型技术，避免因技术应用不当降低合作社持续采用积极性；另一方面通过试验可以及时发现技术应用问题并及时改进，提高技术效果。从成安县两个农机合作社后续使用来看，实现了粒收技术的良性循环，即不断完善粒收技术装备及配套设施，并不断扩大粒收技术作业面积。

最后，公益性农技推广机构通过不断示范新技术加速了技术变迁进程。通过第4章农户技术采用行为影响因素分析也发现提高农户对技术认知能促进农户采用意愿与行为，且有助于农户配套宜粒收品种。该县农机局通过组织开展粒收作业示范观摩会，联合玉米产业体系相关专家，以农业合作社或家庭农场等主体为依托进行粒收技术试验示范，一方面可以让周围农户直观了解粒收技术特征与效果，增强农户技术认知，以达到技术推介目的；另一方面将新型农业经营主体作为试验示范主体，可以达到直接向该类主体推介技术目的，让该类主体直观感受到新技术的效果。

7.3.2　技术扩散阶段：市场性农技服务主体成为关键力量

新型农业经营主体作为我国农业发展的中坚力量，对激活农业发展动力起到了重要作用。当前我国已形成了农业企业、农业合作社、家庭农场等新型农业经营主体多元化发展格局，该类主体所具有的经营规模及资金优势促使其成为率先应用先进技术的关键力量。同时，该类主体所具有的经营优势使其成为技术扩散的关键力量，作为市场性主体，通过技术服务形式既加速了农户应用新技术进程，同时也增加了其经营收益。从成安县粒收技术变迁进程的梳理可以发现，农业合作社等市场性技术服务主体为新技术的扩散提供了重要动力源泉。

首先，市场性农技服务主体所具有的经营优势可率先应用新型技术。农业合作社等经营主体具有一定的经营规模优势与资金优势，对新技术的接受能力相对较强，同时可实现技术配套设施的配备，以更好地实现技术效果。通过对成安县两个农机合作社调研发现，一是该类主体均购置两台及以上先进粒收机械设备，解决作业机械问题；二是均配备烘干设备，来完成收获后的籽粒烘干贮存，解决粒收后玉米籽粒无法晾晒问题；三是均配备宜粒收品种筛选试验田，解决玉米品种不适配导致的粒收作业籽粒破碎率、杂质率高问题。以上几点说明，对于一项新技术，尤其是集成技术而言，新型农业经营主体所具有的规模和资金优势推动了新技术的应用。

其次，市场性农技服务主体与农户建立了良好的利益联结机制，充分发挥出同伴效应对技术扩散所发挥的作用。市场性农技服务主体作为以营利为目的农业经营主体，在向农户提供技术服务过程中始终追求自身利益的最大化，故在实现该类主体与农户技术需求有机衔接过程中，需建立良好的利益联结机制。通过上述案例分析可以得出以下机制：一是通过粒收技术服务与玉米收购服务来与农户建立合作机制。如 A 农机合作社通过向周边农户提供专业化的粒收技术与玉米收购服务，既通过农机服务提升了农机合作社经营收益，又为周边农户解决了技术获取难题；且通过对收获后玉米籽粒的田间地头收购，帮助农户解决售卖难题，且完成了合作社玉米收购业务，此外农机合作社通过组织观摩会及技术培训提高了农户技术特征与效果认知，且促进了宜粒收品种配套，从而促进农户主动向粒收技术变迁；二是通过土地托管形式与农户建立联结。如 B 农机合作社通过托管周边农户土地，既实现了合作社规模化、连片化经营，从而提高了合作社经营收益；又通过统一的宜粒收品种配套及粒收、玉米烘干给托管农户带来了技术红利，然而该种模式为农户"被动式"向粒收技术变迁，不利于促进农户新技术持续采用行为。

7.3.3 技术变迁路径：公益性农技推广机构与市场性农技服务主体有机结合

公益性农技推广机构与市场性农技服务主体并非为二元对立的主体，

两类主体在农技服务供给中各具优势，探索二者有机结合的农技服务模式，有利于实现农业技术变迁。通过对河北省成安县玉米粒收技术变迁的案例分析发现，在新技术引进与扩散过程中公益性农技推广机构与市场性农技服务主体均发挥了重要作用。一方面，公益性农技推广机构以政府为主导，以提供公益性服务为主要职责。在新技术的引进初期，单纯由市场主体进行引进存在引入、试验等成本高问题，从而抑制该类主体引进新技术积极性，导致新技术无法进入当地市场。而公益性农技推广机构作为以农技推广为核心的组织，通过政府投资、引进、试验等方式引进新技术，既避免了市场性农技服务主体引进技术成本高昂问题，又避免了技术引进缺乏试验等造成实际应用效果较差问题。此外，公益性农技推广机构作为国家农业管理的重要组织之一，在农村受到较高的信任，其引进的技术更容易被农业经营主体所认可接受。另一方面，公益性农技推广机构虽组织技术试验示范观摩会等活动，但其主要依托市场性农技服务主体进行试验示范，通过试验示范虽提高了农户对技术的了解与认知，但仍需要进一步提供技术服务以解决农户技术获取与应用难题，此时市场性农技服务主体发挥了决定性作用，虽然该类主体以自身利益为主要目标，但其已建立起完整的服务网络，深受农村社会所认可，不仅可以通过提供技术服务与支持来满足农户技术需求，且通过为农户提供服务过程中实现了自身收益的增加。

图7-3总结了河北省粒收技术变迁的主要路径。可以看出，公益性农技推广机构与市场性农技服务主体共同发挥作用，推动了粒收技术向农户群体扩散。首先，公益性农技推广机构通过引进与试验粒收技术，来使该项技术成功进入当地农业生产之中，并负责向当地市场性农技服务主体如农业合作社等推介该项技术，使得技术率先在具有经营优势主体间扩散与应用；同时该机构还承担对农户的农业技术与指导工作，并通过组织技术试验示范观摩会，以市场性农技服务主体为示范点，以提高农户技术认知及宜粒收品种选择达到向农户推广与传播新技术的目的。其次，市场性农技服务主体在应用新技术的同时，其作为农户重要的同

伴群体,利用其自身经营优势及与农户建立的服务网络等优势,通过技术服务与指导向农户推介新技术,此过程中该类主体既能获得服务收益,实现经营收益的提高,同时也与农户建立了更深的利益联结,从而实现了新技术的扩散与推广。

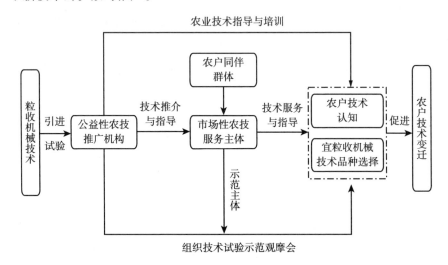

图 7-3　成安县粒收技术变迁路径

▶ 7.4　本章小结

本章基于河北省成安县粒收技术变迁的典型案例,探寻了农业技术变迁的可行路径。主要得出以下研究结论。

(1)通过梳理河北省成安县粒收技术引进历程发现,玉米产业发展遇到困境是推动农业技术发生变迁的重要原因;从农业技术变迁的源头来看,公益性农技推广机构是推动技术引进的主导力量,正是由于成安县农机部门对玉米产业发展问题解决路径的探索,推动了粒收技术的引进与应用;在技术引进后开展了技术研发、改进、试验示范以提高技术的适用性,向周边农业合作社等主体进行推介。

(2)通过对成安县 A 农机合作社粒收技术变迁的路径探索发现,该合作社通过技术宣传与指导提高了农户对技术特征与效果认知，通过技术培训与指导促进农户宜粒收品种配套，并通过提供粒收技术服务与玉米田间地头收购服务来推动农户主动向粒收技术变迁。

（3）通过对成安县 B 农机合作社粒收技术变迁的路径探索发现，该合作社以"土地托管"形式实现托管农户的粒收技术应用。该种模式虽然让农户享受到了粒收技术红利，但农户仅是"被动式"地应用了该项技术，未能有效提高农户粒收技术认知，且缺乏宜粒收品种配套意识，若农户退出土地托管之后，不能有效推动农户继续采用该项技术。

（4）通过对以上案例分析得出，公益性农技推广机构与市场性农技服务主体有机结合是推动粒收技术变迁的可行路径。农业部门等公益性农技推广机构对新技术的引进起到了主导作用，并对技术后续的扩散提供了技术指导与政策扶持；农业合作社等新型农业经营主体所具有的经营规模及资金优势促使其成为率先应用先进技术的关键力量，且其农业技术服务与指导及玉米收购等服务方式为农户向粒收技术变迁奠定重要基础，也促进了与农户良好利益联结机制的建立。但仍应避免市场性农技服务主体"被动式"推动农户发生技术变迁，倡导该类主体"主动式"推动农户发生技术变迁。

第8章

研究结论与政策建议

▶ 8.1 研究结论

本书立足我国玉米穗收技术已经得到全面推广，但其技术存在作业环节多及贮存霉变、鼠害等损失多等问题，而粒收技术具有节本增效等特点，但应用率仍然偏低的现实情境，基于创新扩散理论、诱致性技术变迁理论及农户行为理论，采用规范分析、实证分析及案例分析相结合的方法，在梳理玉米机收技术特征及国内外变迁历程基础上，运用河北、辽宁、黑龙江、山东4省521户农户实地调研数据，首先分析了农户玉米机收技术采用影响因素；其次检验了农户玉米机收技术采用影响机制；再次评价了农户玉米机收技术采用经济效应；最后基于河北省成安县玉米机收技术变迁案例分析，探索了技术变迁的可行路径。主要得出以下研究结论。

第一，我国农户玉米粒收技术变迁进程仍较为缓慢，仍处于创新扩散的早期阶段。农户玉米收获仍以穗收技术为主，样本区域有70.63%的农户采用穗收技术，远高于粒收技术的13.63%；我国玉米机收技术起步较晚，至20世纪90年代开始玉米穗收技术才得以大范围推广应用，而粒收技术在近十年才得以推广应用，但至今应用率仍处于较低水平。而美国粒收技术变迁进程较快，至 20 世纪 70 年代就已全面实现玉米机械粒收。从其成功经验来看，粒收技术及适宜品种不断研发与改进为技术变迁提供了技术条件；大面积、连片式的种植方式提供了规模条件；一年一熟制种植方式及标准化、规范化的种植模式提供了制度条件；健全的农技服务体系为宜粒收品种配套提供了有利条件。借鉴美国粒收技术变迁经验，我国应加强粒收技术研发与品种配套、发挥农技服务组织作用推动技术变迁、积极探索适宜不同熟制地区的玉米粒收技术应用方案、并不断优化技术推广模式。

第二，通过分析农户玉米机收技术采用影响因素发现，技术认知能显著提高农户技术采用意愿与行为，其中，技术易用性认知、替代性认知、技术特征与效果认知显著提高了农户技术采用意愿；技术基本认知及效果认知显著促进了农户技术采用行为。宜粒收品种配套及同伴效应均对农户技术采用意愿与行为产生显著正向影响。控制变量中受教育程度、之前使用过粒收技术对农户技术采用意愿与行为均具有显著正向影响。成立家庭农场或农业合作社、本村有粒收技术服务、村人均收入对农户采用意愿产生显著正向影响，农户为村干部、参加过农业培训对农户采用意愿产生显著负向影响；参加过农业培训、外出务工天数、玉米种植面积、单季种植、村粒收与穗收技术服务价格比值对农户采用行为产生显著正向影响，家庭劳动力比例、获取信贷对农户采用行为产生显著负向影响。通过讨论农户技术采用意愿与行为关系得出，农户技术采用意愿与行为存在明显偏差，进一步分析农户技术采用意愿与行为偏差影响因素发现仅对技术有基本认知仍不足以推动农户技术采用意愿向行为转化，仍需强化农户对技术特征及效果认知，以推动其发生技术变迁。

第三，通过分析农户玉米机收技术采用影响机制发现，同伴效应对技术特征与效果认知影响农户粒收技术采用行为中具有显著的正向调节效应。本村有其他农户采用粒收技术时，农户技术特征及效果认知对农户粒收技术采用行为影响边际效应分别为 14.0% 、7.4%；均高于本村无其他农户采用粒收技术时影响的边际效应 3.7% 、1.0%；农户选择宜粒收品种在同伴效应对农户粒收技术采用行为影响中具有部分中介效应，通过计算得出同伴效应对农户粒收技术采用行为影响中有 34.152% 来自宜粒收品种选择的推动。

第四，通过对农户粒收技术采用的经济效应评价发现，农户采用粒收技术显著提高了玉米种植技术效率、亩均净收益、单产；显著减少了亩均投入成本及销售价格，证明该项技术具有较好的经济效应，有利于玉米生产降本增效。从亩均净收益构成来看，农户采用粒收技术通过减少亩均投入成本来提高净收益，而对亩均产值没有影响，表明该项技术主要通过节约成本投入来提高农户玉米种植收益。基于不同种植制度及是否种植宜粒收品种的异质性分析发现，单季种植与种植宜粒收玉米品种是影响农户采用粒收技术经济效应的重要因素。

第五，通过典型案例分析得出，公益性农技推广机构与市场性农技服务主体有机结合是推动玉米机收技术变迁的可行路径。公益性农技推广机构对新技术的引进起到了主导作用，并对技术后续的扩散提供了技术指导与政策扶持；农业合作社等新型农业经营主体所具有的经营规模及资金优势促使其率先成为应用先进技术的关键力量，且其农业技术服务与指导及玉米收购等方式为农户向粒收技术变迁奠定重要基础，该类主体在创新扩散过程中充分体现出同伴效应作用。但仍应避免市场性农技服务主体推动农户"被动式"技术变迁，倡导该类主体推动农户"主动式"技术变迁。

▶ 8.2　政策建议

根据以上研究结论，提出进一步推动玉米收获由穗收向粒收技术变迁的政策建议。

第一，注重玉米粒收机械研发与改进，打通玉米产业全程机械化及高质高效发展"最后一公里"。

粒收技术被视为实现玉米产业全程机械化及高质高效发展"最后一公里"的关键一环。推动玉米收获向粒收技术变迁对提升我国玉米产能及品质具有重要意义。然而我国粒收技术变迁进程依旧缓慢，推动该项技术变迁仍需进一步加强机械设备的研发与改进。通过梳理我国玉米机收技术变迁历程发现，穗收机械的不断研发与改进是穗收技术在我国大面积推广与应用的重要前提，这也为玉米收获向粒收技术变迁提供了启发。而且从美国粒收技术变迁历程来看，粒收技术变迁也是从粒收机械的不断研发与改进开始。这表明对于机械技术而言，机械设备不断研发与改进是其技术扩散的重要前提。而我国目前粒收机械研发与改进重视程度仍然不高，虽然根据调研发现一些地区已有粒收机械可用，但不同马力及适宜不同作业条件的粒收机械仍较为缺乏，这已严重阻碍了粒收技术变迁进程。因此，我国应重视粒收机械的研发与改进工作。一是鼓励多部门联合开展粒收机械的研发与改进。既要发挥各省市农机部门、科研院所具有的技术及专业优势，又要发挥农业机械企业及工厂所具有的制造优势，联合做好粒收机械技术攻关、生产制造及试验改进等工作，突破粒收机械关键核心技术。二是加大粒收机械的研发投入。围绕当前我国粒收机械研发短板，加大该项机械技术研发与试验投入，制造出一批先进适用的粒收机械，为我国玉米机收技术变迁提供技术支撑；同时将该项技术研发作为一项长期工程，确保研发投入的可持续性。三是研发出适宜不同动力、地区及地形的粒收机械。一方面针对我国玉米生产区域的复杂性及多样性，研发设计适宜不同种植季度、不同地形的粒收机械，确保不同地区农户均有适宜机械设备可用；另一方面针对我国农户土地经营规模普遍偏小的特征，设计与研发中小型粒收机械，避免仅注重大型联合收获机导致粒收机械研发"一刀切"问题。

第二，加快宜粒收品种的筛选与培育，提高技术适用性及效果。

粒收技术的推广与应用离不开适宜品种的配套，然而受我国育种以延长生育期实现产量提高的目标影响，现有品种仍以中晚熟为主，不利于收获期玉米籽粒脱水，导致粒收机械作业籽粒破碎率高、损失率高等问题。而玉米收获时籽粒破碎、损失等问题将严重降低农户技术采用意愿，导致农户粒收技术采用率偏低。通过梳理美国粒收技术变迁经验发现宜粒收品种配套在其技术变迁过程中发挥了至关重要的作用，而且根据本研究实证分析也发现宜粒收品种配套是影响农户技术变迁的关键影响机制，此外在调研过程中发现各地区适宜粒收品种仅有少数几个，严重影响了农户品种配套及技术采用。因此，应加快宜粒收品种的筛选与培育，提高技术适用性及效果。一是政府相关部门及种业企业应加快宜粒收品种的筛选与培育，突破我国以延长生育期为主的传统育种目标，因地制宜筛选培育出多个具有早熟、高产、耐密植、抗性强、成熟期脱水快等特性的玉米品种，确保种子市场有宜粒收品种且有多个品种可供农户选择，尤其是要做好宜粒收品种产量特性筛选，确保宜粒收品种具有较高的产量，以吸引农民采用，并做好宜粒收品种的试验与示范工作，确保筛选出的宜粒收品种可以较好地适配粒收机械。二是稳定宜粒收品种市场价格，确保品种配套不增加农户投入负担。应做好宜粒收品种的稳定供应及价格保护工作，避免因配套粒收技术而提高品种价格，导致农民种子投入增加，从而打消农民品种配套积极性。三是加强宜粒收品种的宣传与推介，通过农资销售商、电视、广播、互联网等多种渠道宣传与推介宜粒收品种，积极引导农户配套宜粒收品种；此外，应发挥新型农业经营主体及各村技术能手作用，通过农业技术培训及农户座谈交流等多种方式发挥同伴作用，向农户传播宜粒收品种特性及其配套对技术应用的重要性。

第三，做好玉米粒收技术宣传与推广，提高农户技术认知深度与广度。

本书通过实证分析证明农户技术认知能促进农户技术采用意愿与行为，尤其是对技术的特征与效果的充分认知作用更为显著。且通过调研发现对于粒收这一项在我国还未被广泛使用的技术而言，农户普遍存在认知不足、不深问题，甚至有部分农户根本不知道该项技术，这已严重阻碍该项技术推广与应用。而且通过分析农户粒收技术采用意愿与行为关系可知，较多农户虽具有较强粒收技术采用意愿，但并未转化为实际的行为。因此，需做好玉米粒收技术的宣传与推广工作，提高农户技术认知的深度与广度。一是利用电视、广播、互联网等传播媒介，开展粒收技术的宣传与推广工作，并邀请相关产业技术专家进行技术普及，并通过制作粒收技术宣传小册子等方式让农户深入地了解该项技术，以提高农户对该项技术的整体认知。二是以地方政府为主导、以家庭农场、农业合作社等为示范主体，在适宜粒收机械作业地区进行试验示范，并积极组织周围农户进行现场观摩，达到让周围农户直观了解到该项技术的作业流程、特征及效果，从而提高农户技术特征与效果认知水平。三是将玉米粒收技术纳入农业技术培训，通过地方农业部门定期对农户进行粒收技术及适宜品种培训，并增设技术交流与讨论环节，发挥农村社会网络中同伴效应，让已采用该项技术的农户将技术经验分享到农户群体之中，更好地带动农户采用该项技术。

第四，发挥以农业合作社为代表的新型农业经营主体作用，带动农户发生技术变迁。

在我国农业迈向现代化进程中，农业合作社等新型农业经营主体发挥了重要作用。本书通过案例分析发现，新型农业经营主体凭借其经营规模及资金优势已率先成为应用先进技术的关键力量。同时，该类主体与农户具有紧密的联系，是促进农户技术获知与采用的重要同伴群体，已成为推动农户技术变迁的重要力量。一是不断健全以农业合作社为代表的新型农业经营主体技术服务体系，不仅支持该类主体向周边农户提供农业技术服务，解决农户有技术需求但无供给问题，且要不断优化与拓展技术服务内容，在向农户提供技术服务的同时要做好技术指导工作，确保技术服务与指导的可持续性，让农户真正认知与掌握技术。二是强化政府对新型农业经营主体资金扶持与技术支撑，提高该类主体农业技术应用与推广能力，推动形成一批高技术水平、服务水平的新型农业经营主体，确保给予农户有质量、有内容的服务。三是探索新型农业经营主体与农户农业生产合作的有益模式，增强两类主体联结韧性，真正使新型农业经营主体成为带动农户迈向现代农业的核心力量，避免推动农户"被动式"技术变迁，真正让农户参与技术变迁。四是积极探索新型农业经营主体与公益性农技推广机构有效联结模式，发挥公益性农技推广机构在技术引进阶段作用的同时，有效联结新型农业经营主体，促进技术的持续扩散与变迁，形成二者有机结合推动我国技术变迁的有效模式。

8.3 研究不足与展望

本书基于农户视角，运用河北、辽宁、黑龙江、山东4省521户农户调研数据，围绕玉米机收技术变迁及农户采用影响机制问题展开了研究。然而，本书在研究数据、案例分析及研究对象等方面还存在一定不足，有待今后进一步补充与完善。

第一，由于受新冠疫情影响，本书仅获得了2021年农户微观调研数据，而无法将农业技术变迁所具有的时间趋势特征纳入研究。尽管粒收技术扩散仍处于早期阶段，技术随时间变化趋势尚不明显，但后续研究仍需展开多年农户技术变迁监测，以得到更为精确的研究结论。

第二，本书仅获得了河北省成安县粒收技术变迁相关案例，虽然该县粒收技术变迁进程较快，且存在多种可供参考的技术变迁模式。但就我国玉米生产而言，各地区差异较大，且研究也证实单季与多季种植区域农户粒收技术采用存在差异。故后续研究将对黑龙江、辽宁、河南及新疆等地区的粒收技术变迁进行调研，提供更丰富的技术变迁路径以供参考。

第三，本书选取了我国农业生产经营的重要主体农户作为研究对象，分析了其玉米机收技术变迁的影响因素、机制及经济效应。而随着农业合作社、家庭农场等新型农业经营主体的兴起，该类主体的行为决策对推动玉米机收技术变迁发挥重要作用。今后将对该部分内容进行扩展延伸，探究不同类型经营主体视角下的玉米机收技术变迁问题，以为推动我国玉米机收技术变迁提供全面系统的研究结论。

附录 A　农户调研问卷

附表 A1　　　　　　　　　　　**基本信息**

问题	答案
省（自治区、直辖市）	
县（区、市）	
乡（镇、街道）	
村（居委会）	
户主姓名	
户主联系电话	
调查日期	
调查员姓名	
调查员联系电话	

附表 A2　　　　　　　　　　　**户主基本特征**

问题	选项/单位	答案
性别	1 = 男，0 = 女	
年龄	周岁	
受教育年限	年	
民族	1 = 汉族，0 = 少数民族	
健康状况	1 = 非常健康，2 = 健康，3 = 一般，4 = 较不健康，5 = 不健康	
您是否是村干部	1 = 是，0 = 否	
您是否务工	1 = 是，0 = 否	
若是，全年务工天数	天	

续表

问题	选项/单位	答案
若是，平均月务工收入是多少	元	
若是，是否本县内务工	1＝是，0＝否	
您家是否接入互联网	1＝是，0＝否	
若是，主要接入互联网的途径	1＝宽带上网，2＝流量上网	
若是，主要上网的设备	1＝手机，2＝电脑，3＝其他	
若是，您上网是否获取农业生产相关信息	1＝是，0＝否	
您家有几口人	人	
劳动力数量	人	
外出务工半年及以上人数	人	
外出务工半年以内人数	人	
老年人数量（65周岁及以上）	人	
儿童数量（14周岁及以下）	人	
您家总收入是多少	元	
家庭经营收入（若无，请填0）	元，主要指家庭进行农业生产获得的收入	
工资性收入（若无，请填0）	元，主要指家庭通过务工获得的收入	
财产性收入（若无，请填0）	元，主要指利息、土地租金、房屋租赁等收入	
转移性收入（若无，请填0）	元，主要指农业补贴、退休金、社会保障等收入	
您家是否从银行、信用社等金融机构贷款	1＝是，0＝否	
您今年参加过几次农业培训	次	
您是否是家庭农场	1＝是，0＝否	
您是否成立农业合作社	1＝是，0＝否	
您是否加入了农业合作社	1＝是，0＝否	
若是，哪年开始加入的	具体年份	
您家一年种几季作物	1＝一季，2＝两季，3＝三季	
您已经种了多少年地	年	

附表 A3　　　　　　　　　　**土地情况**

问题	选项/单位	答案
您家承包的土地面积	亩	
您家是否获得了土地确权证	1 = 是，0 = 否	
您家实际经营的耕地面积	亩	
您家是否撂荒耕地	1 = 是，0 = 否	
若是，撂荒的耕地面积	亩	
土地转出面积	亩	
土地转出租金	元/亩	
转出租期几年	年	
转出耕地的合同形式（若无，请填 9999）	1 = 书面合同，0 = 口头约定	
土地转入面积	亩	
土地转入租金	元/亩	
转入租期几年	年	
转入耕地的合同形式（若无，请填 9999）	1 = 书面合同，0 = 口头约定	
您家经营的耕地块数	块	
最大的一块土地为多少亩	亩	
连片土地为多少亩	亩	

附表 A4　　　　　　　　　　**玉米种植情况**

问题	选项/单位	答案
播种面积	亩	
平均每亩产量	斤/亩	
销售量	斤	
其中，订单销售量	斤	
平均销售价格	元/斤	
玉米销售方式	1 = 卖玉米粒，2 = 卖穗，3 = 卖鲜玉米，4 = 未卖	
玉米销售月份	月	
主要销售渠道	1 = 订单企业，2 = 合作社，3 = 收购站，4 = 粮贩子，5 = 其他（请注明）	
平均亩均投入	元/亩	
种子费	元/亩	

续表

问题	选项/单位	答案
化肥费	元/亩	
农药费	元/亩	
机械作业费（总费用）	元/亩	
其中，购买农机服务费	元/亩	
雇工费	元/亩	
雇工量	工日	
雇工价格	元/工日	
灌溉费用	元/亩	
其他投入	元/亩	
玉米是否受灾	1＝是，0＝否	
玉米受灾总面积	亩	
玉米因灾减产量	斤	
您是否采用人工收获	1＝是，0＝否	
若是，人工收获面积	亩	
人工收获每亩需要总工日数	工日/亩（1个劳动力工作 8小时计为1个工日）	
您是否使用穗收技术	1＝是，0＝否	
若是，穗收技术收获面积	亩	
穗收技术作业效率	亩/小时	
穗收技术来源	1＝自有，2＝其他农户，3＝家庭农场，4＝合作社，5＝专业农机手，6＝订单企业，7＝其他（请注明）	
若非自有，使用价格	元/亩	
若非自有，使用面积	亩	
若非自有，服务主体来源	1＝本村，2＝邻村，3＝乡镇，4＝其他	
穗收技术作业损失	斤/亩	
您是否使用粒收技术	1＝是，0＝否	
粒收技术作业面积	亩	
粒收技术作业效率	亩/小时	
粒收技术来源	1＝自有，2＝其他农户，3＝家庭农场，4＝合作社，5＝专业农机手，6＝订单企业，7＝其他（请注明）	

续表

问题	选项/单位	答案
若非自有，使用价格	元/亩	
若非自有，使用面积	亩	
若非自有，服务主体来源	1 = 本村，2 = 邻村，3 = 乡镇，4 = 其他	
粒收技术作业损失	斤/亩	
玉米收获后秸秆是否还田	1 = 是，0 = 否	
若是，还田面积	亩	
若是，还田费用	元/亩	
您家是否会收获秸秆作为燃料	1 = 是，0 = 否	
若是，收获面积	亩	
您家是否会收获秸秆作为畜禽饲料	1 = 是，0 = 否	
若是，收获面积	亩	

附表 A5　　　　　　　　　　玉米品种使用情况

问题	选项/单位	答案
您家使用的玉米品种数量	种	
您家播种面积最大的品种名称	填写全称	
此品种播种面积	亩	
此品种价格	元/斤	
您家种植的玉米品种是否为宜粒收技术	1 = 是，2 = 否，3 = 不清楚	
您家种植的玉米品种是否为宜穗收技术	1 = 是，2 = 否，3 = 不清楚	
您购买种子的渠道	1 = 经销商，2 = 农技站，3 = 合作社，4 = 熟人推荐，5 = 订单企业，6 = 其他（请注明）	
您倾向于选择什么熟期品种	1 = 早熟，2 = 中早熟，3 = 中熟，4 = 中晚熟，5 = 晚熟，6 = 都可以	
您平时会了解种子信息吗	1 = 是，2 = 否，3 = 不关心	
若是，了解渠道	1 = 经销商，2 = 电视、广播，3 = 网络，4 = 熟人，5 = 合作社，6 = 订单企业，7 = 其他（请注明）	
若是，主要获取哪些方面信息	1 = 价格，2 = 产量，3 = 抗倒伏，4 = 抗虫，5 = 技术配套，6 = 其他（请注明）	
您认为更换品种是否有风险	1 = 是，2 = 否，3 = 无所谓	

附表 A6 　　　　　**玉米收获机械技术认知、采用意愿与行为**

问题	选项/单位	答案
您对粒收技术的了解程度	1 = 非常不了解，2 = 不了解，3 = 一般，4 = 了解，5 = 非常了解	
若了解，从哪个渠道了解的	1 = 熟人，2 = 合作社，3 = 电视、广播，4 = 农机站，5 = 网络，6 = 订单企业，7 = 其他	
若了解，哪一年知道的	年	
您认同粒收机械作业籽粒破碎率高吗	1 = 非常不认同，2 = 不认同，3 = 一般，4 = 认同，5 = 非常认同，6 = 不知道	
您认同粒收机械作业籽粒杂质率高吗	1 = 非常不认同，2 = 不认同，3 = 一般，4 = 认同，5 = 非常认同，6 = 不知道	
您认同粒收机械作业需要籽粒含水率低吗	1 = 非常不认同，2 = 不认同，3 = 一般，4 = 认同，5 = 非常认同，6 = 不知道	
您认同粒收技术是简单易用的吗	1 = 非常不认同，2 = 不认同，3 = 一般，4 = 认同，5 = 非常认同，6 = 不知道	
您认同粒收技术使用并不难吗	1 = 非常不认同，2 = 不认同，3 = 一般，4 = 认同，5 = 非常认同，6 = 不知道	
您认同粒收技术使用难吗	1 = 非常不认同，2 = 不认同，3 = 一般，4 = 认同，5 = 非常认同，6 = 不知道	
您认为粒收与穗收技术哪个收获损失少	1 = 粒收，2 = 穗收，3 = 不知道	
您认为粒收与穗收技术收获的玉米哪个易贮存	1 = 粒收，2 = 穗收，3 = 不知道	
您认为粒收与穗收技术收获的玉米哪个售价高	1 = 粒收，2 = 穗收，3 = 不知道	
您认为粒收与穗收技术收获的玉米哪个贮存损耗多	1 = 粒收，2 = 穗收，3 = 不知道	
您认为粒收与穗收技术哪个节约劳动力	1 = 粒收，2 = 穗收，3 = 不知道	
您认为粒收与穗收技术哪个节省作业时间	1 = 粒收，2 = 穗收，3 = 不知道	
您认为粒收与穗收技术哪个作业环节少	1 = 粒收，2 = 穗收，3 = 不知道	
您认为粒收与穗收技术哪个作业成本低	1 = 粒收，2 = 穗收，3 = 不知道	
您认为粒收与穗收技术哪个容易获得	1 = 粒收，2 = 穗收，3 = 不知道	
您认为粒收与穗收哪个技术使用门槛高	1 = 粒收，2 = 穗收，3 = 不知道	
您认同粒收技术能替代穗收吗	1 = 非常不认同，2 = 不认同，3 = 一般，4 = 认同，5 = 非常认同，6 = 不知道	

续表

问题	选项/单位	答案
您是否愿意采用粒收技术	1 = 是，2 = 否	
粒收与穗收技术，您更愿意采用哪个技术	1 = 粒收，2 = 穗收，3 = 二者均可	
若有烘干设备，您是否愿意采用粒收技术	1 = 是，2 = 否	
若有宜粒收品种，您是否愿意采用粒收技术	1 = 是，2 = 否	
若有粒收服务，您是否愿意采用粒收技术	1 = 是，2 = 否	
您之前是否使用过粒收技术	1 = 是，0 = 否	
若是，哪年用过	年	
若是，是否持续使用	1 = 是，0 = 否	
若未持续使用，最主要的三个原因（按顺序选择）	1 = 破碎率高，2 = 倒伏多，3 = 杂质多，4 = 含水率高，5 = 无法贮存，6 = 没有技术，7 = 其他	
若是，使用粒收技术前是怎样收获玉米	1 = 穗收，2 = 人工穗收，3 = 没种玉米	
最近烘干塔离村委会距离	千米	
您收获后是否进行烘干	1 = 是，0 = 否	
若是，烘干费用	元/吨	
若是，烘干塔烘干效率	吨/小时	
您购买了哪些农机作业服务	1 = 耕地，2 = 播种，3 = 穗收，4 = 粒收，5 = 灌溉，6 = 植保，7 = 其他	
您是否提供农机作业服务	1 = 是，0 = 否	
若是，提供哪些农机服务	1 = 耕地，2 = 播种，3 = 穗收，4 = 粒收，5 = 灌溉，6 = 植保，7 = 其他	
本村是否有农户使用粒收技术	1 = 是，0 = 否	
邻村是否有农户使用粒收技术	1 = 是，0 = 否	
您是否有亲戚使用粒收技术	1 = 是，0 = 否	
据您了解，本村或周边最早出现粒收技术是哪一年	填写具体年份	
据您了解，本村或周边最早出现粒收技术服务是哪一年	填写具体年份	

附录 B　村庄调研问卷

附表 B1　　　　　　　　　　　　　**基本信息**

问题	答案
省（自治区、直辖市）	
县（区、市）	
乡（镇、街道）	
村（居委会）	
村干部姓名	
村干部联系电话	
调查日期	
调查员姓名	
调查员联系电话	

表 B2　　　　　　　　　　　　　**村庄基本信息**

问题	单位/选项	答案
村类型	1 = 自然村，2 = 行政村， 3 = 其他（请注明）	
本村地形	1 = 平原，2 = 丘陵，3 = 山地， 4 = 高原，5 = 盆地	
本村是否为乡镇政府驻地	1 = 是，0 = 否	
本村共有多少户	户	
其中：只务农的农户数	户	
2021 年本村人均总收入	元	
其中：人均种植业收入	元	
人均非农业收入	元	
本村委会距乡镇政府距离	千米	

续表

问题	单位/选项	答案
本村是否通了公路	1 = 是，0 = 否	
本村是否有去乡镇或县的公交	1 = 是，0 = 否	
本村是否通宽带（光纤）	1 = 是，0 = 否	
本村接入宽带户数	户	
本村合作社数量	个	
本村农技指导人员数量	人（若无，填0）	

附表 B3　　　　　　　　　人口、劳动力及就业情况

问题	单位	答案
本村总人口	人	
本村常住人口（一年在本村居住累计6月以上）	人	
本村劳动力总数	人	
本村劳动力就业产业结构		
其中：第一产业从业人员人数（农业）	人	
第二产业从业人员人数（工业）	人	
第三产业从业人员人数（商业与服务业）	人	
本村加入农村合作社的户数（若无，填0）	户	
本地短期平均雇工工资	元/天	

附表 B4　　　　　　　　　土地情况

问题	单位/选项	答案
本村村域土地总面积	亩	
本村耕地总面积	亩	
其中：水田总面积	亩	
水浇地面积	亩	
旱地总面积	亩	
弃荒耕地面积	亩	
本村土地流转面积	亩	
本村平均土地流转价格	元/亩	

续表

问题	单位/选项	答案
本村土地灌溉面积（若没有灌溉，填0）	亩	
主要灌溉方式	1=滴灌，2=喷灌，3=沟灌， 4=漫灌，5=其他	
本村是否完成土地确权颁证	1=是，0=否	
若是，哪一年完成的	年份	

附表 B5　　　　　　　　种植业生产情况

问题	单位/选项	答案
本村玉米种植面积	亩	
本村玉米总产量	万斤	
本村玉米主要收获方式	1=粒收，2=穗收，3=人工，4=其他	
本村是否有人提供粒收技术服务	1=是，0=否	
本村是否有人提供穗收技术服务	1=是，0=否	
本村玉米生产是否受灾	1=是，0=否	
若是，受灾面积	亩	
若是，最主要灾害类型	1=水灾，2=旱灾，3=冰雹， 4=病虫害，5=其他（请注明）	

附表 B6　　　　　　　　农业机械情况

问题	单位/选项	答案
本村玉米收割机数量	台	
其中：收穗机数量	台	
收粒机数量	台	
本村脱粒机数量	台	
本村烘干塔/站数量	个	
其中：最近的烘干塔离村委会多远	公里	
离本村最近的烘干塔的烘干效率	吨/小时	
本村使用机械作业土地面积	亩	
其中：机耕面积	亩	
机播面积	亩	

续表

问题	单位/选项	答案
机收面积	亩	
本村哪些主体提供农机服务	1 = 农户，2 = 家庭农场，3 = 合作社，4 = 村集体，5 = 农机手，6 = 订单企业，7 = 其他	
据您了解，本村或周边最早出现粒收技术是哪一年	填写具体年份，如本村从来没有粒收填 9999	
据您了解，本村或周边最早出现粒收技术服务是哪一年	填写具体年份，如本村从来没有粒收填 9999	

参 考 文 献

[1] 蔡键，邵爽，刘文勇．土地流转与农业机械应用关系研究——基于河北、河南、山东三省的玉米机械化收割的分析 [J]．上海经济研究，2016 (12)：89 - 96．

[2] 曹慧，赵凯．农户非农就业、耕地保护政策认知与亲环境农业技术选择——基于产粮大县1422份调研数据 [J]．农业技术经济，2019 (5)：52 - 65．

[3] 柴宗文，王克如，郭银巧，等．玉米机械粒收质量现状及其与含水率的关系 [J]．中国农业科学，2017，50 (11)：2036 - 2043．

[4] 陈国平．美国玉米生产及考察后的反思 [J]．作物杂志，1992 (2)：1 - 4．

[5] 陈径天，温思美，陈倩儿．农村金融发展对农业技术进步的作用——兼论农业产出增长型和成本节约型技术进步 [J]．农村经济，2018 (11)：88 - 93．

[6] 陈锡文．实施乡村振兴战略，推进农业农村现代化 [J]．中国农业大学学报 (社会科学版)，2018，35 (1)：5 - 12．

[7] 陈志，郝付平，王锋德，等．中国玉米收获技术与装备发展研究 [J]．农业机械学报，2012，43 (12)：44 - 50．

[8] 程百川．构建更有竞争力的农产品补贴体系——从玉米产业说开去 [J]．农业经济问题，2016，37 (1)：10 - 15 + 110．

[9] 仇焕广，李新海，余嘉玲．中国玉米产业：发展趋势与政策建议 [J]．农业经济问题，2021 (7)：4 - 16．

[10] 崔涛, 樊晨龙, 张东兴, 等. 玉米机械化收获技术研究进展分析 [J]. 农业机械学报, 2019, 50 (12): 1 - 13.

[11] 邓鑫, 张宽, 漆雁斌. 文化差异阻碍了农业技术扩散吗? ——来自方言距离与农业机械化的证据 [J]. 中国经济问题, 2019 (6): 58 - 71.

[12] 刁怀宏. 农业高新技术: 二十一世纪中国农业的发展战略 [J]. 中国农村经济, 2001 (7): 15 - 18.

[13] 董朋飞, 李潮海, 李少昆, 等. 持续阴雨对不同播期玉米子粒含水率和机械粒收质量的影响 [J]. 玉米科学, 2019, 27 (5): 137 - 142.

[14] 杜志雄, 韩磊. 供给侧生产端变化对中国粮食安全的影响研究 [J]. 中国农村经济, 2020 (4): 2 - 14.

[15] 高启杰. 我国农业推广投资现状与制度改革的研究 [J]. 农业经济问题, 2002 (8): 27 - 33.

[16] 高尚, 明博, 慕兰, 等. 黄淮海平原南部玉米机械粒收现状及技术应用前景的生态分析——以河南省为例 [J]. 玉米科学, 2019, 27 (2): 129 - 137.

[17] 耿爱军, 杨建宁, 张兆磊, 等. 国内外玉米收获机械发展现状及展望 [J]. 农机化研究, 2016, 38 (4): 251 - 257.

[18] 郭熙保, 龚广祥. 新技术采用能够提高家庭农场经营效率吗? ——基于新技术需求实现度视角 [J]. 华中农业大学学报 (社会科学版), 2021 (1): 33 - 42 + 174 - 175.

[19] 郭焱, 张益, 占鹏, 等. 农户玉米收获环节损失影响因素分析 [J]. 玉米科学, 2019, 27 (1): 164 - 168.

[20] 郭银巧, 徐文娟, 王克如, 等. 玉米典型生态区机械收获现状及影响农户采用的因子分析 [J]. 中国生态农业学报 (中英文), 2021, 29 (11): 1964 - 1972.

[21] 郝付平, 陈志. 国内外玉米收获机械研究现状及思考 [J]. 农机化研究, 2007 (10): 206 - 208.

［22］何瑞银，翟力欣，於海明．我国玉米收获机械发展现状及展望
［J］．安徽农业科学，2007（29）：9457 - 9458.

［23］黑龙江省赴美国玉米收获机械化技术考察团，美国玉米收获机
械化技术考察报告［J］．农机化研究，1985（5）：7 - 16.

［24］胡公理，张承洋．玉米机械化收获技术浅析［J］．农机化研
究，2005（4）：23 - 24.

［25］黄季焜，胡瑞法，智华勇．基层农业技术推广体系30年发展
与改革：政策评估和建议［J］．农业技术经济，2009（1）：4 - 11.

［26］黄季焜，王济民，解伟，等．现代农业转型发展与食物安全供
求趋势研究［J］．中国工程科学，2019，21（5）：1 - 9.

［27］黄炎忠，罗小锋，李容容，等．农户认知、外部环境与绿色农
业生产意愿——基于湖北省632个农户调研数据［J］．长江流域资源与
环境，2018，27（3）：680 - 687.

［28］黄兆福，侯梁宇，于君，等．辽北地区增密种植对玉米机械粒
收质量的影响［J］．玉米科学，2022，30（2）：121 - 125.

［29］黄宗智．略论华北近数百年的小农经济与社会变迁——兼及社
会经济史研究方法［J］．中国社会经济史研究，1986（2）：9 - 15 + 8.

［30］黄祖辉．以新发展理念引领农业高质量发展［J］．中国农垦，
2021（4）：9 - 11.

［31］霍瑜，张俊飚，陈祺琪，等．土地规模与农业技术利用意愿研
究——以湖北省两型农业为例［J］．农业技术经济，2016（7）：19 - 28.

［32］姜维军，颜廷武，张俊飚．互联网使用能否促进农户主动采纳
秸秆还田技术——基于内生转换Probit模型的实证分析［J］．农业技术经
济，2021（3）：50 - 62.

［33］焦长权，董磊明．从“过密化”到“机械化”：中国农业机械
化革命的历程、动力和影响（1980～2015年）［J］．管理世界，2018，34
（10）：173 - 190.

［34］孔凡磊，赵波，詹小旭，等．四川省夏玉米机械粒收适宜品种

筛选与影响因素分析 [J]. 中国生态农业学报（中英文），2020，28（6）：835－842.

　　[35] 孔祥智，方松海，庞晓鹏，等. 西部地区农户禀赋对农业技术采纳的影响分析 [J]. 经济研究，2004（12）：85－95＋122.

　　[36] 李后建. 农户对循环农业技术采纳意愿的影响因素实证分析 [J]. 中国农村观察，2012（2）：28－36＋66.

　　[37] 李明月，陈凯. 农户绿色农业生产意愿与行为的实证分析 [J]. 华中农业大学学报（社会科学版），2020（4）：10－19＋173－174.

　　[38] 李少昆. 我国玉米机械粒收质量影响因素及粒收技术的发展方向 [J]. 石河子大学学报（自然科学版），2017，35（3）：265－272.

　　[39] 李少昆，王崇桃. 中国玉米生产技术的演变与发展 [J]. 中国农业科学，2009，42（6）：1941－1951.

　　[40] 李少昆，王克如，初振东，等. 黑龙江第 1～第 3 积温带玉米机械粒收现状及品种特性分析 [J]. 玉米科学，2019a，27（1）：110－117.

　　[41] 李少昆，王克如，高聚林，等. 内蒙古玉米机械粒收质量及其影响因素研究 [J]. 玉米科学，2018a，26（4）：68－73＋78.

　　[42] 李少昆，王克如，李璐璐，等. 中国玉米机械粒收质量分析 [C] //中国作物学会. 第十九届中国作物学会学术年会论文摘要集. 中国农业科学院作物科学研究所/农业部作物生理生态重点实验室，2020：1.

　　[43] 李少昆，王克如，裴志超，等. 北京春玉米机械粒收质量影响因素研究及品种筛选 [J]. 玉米科学，2018b，26（6）：110－115.

　　[44] 李少昆，王克如，王立春，等. 吉林玉米机械粒收质量影响因素研究及品种筛选 [J]. 玉米科学，2018c，26（4）：55－62.

　　[45] 李少昆，王克如，王延波，等. 辽宁中部地区玉米机械粒收质量及其限制因素研究 [J]. 作物杂志，2018d（3）：162－167.

　　[46] 李少昆，王克如，谢瑞芝，等. 实施密植高产机械化生产实现玉米高产高效协同 [J]. 作物杂志，2016（4）：1－6.

［47］李少昆，王克如，谢瑞芝，等．机械粒收推动玉米生产方式转型［J］．中国农业科学，2018e，51（10）：1842 – 1844.

［48］李少昆，王克如，杨利华，等．河北夏播区玉米机械粒收质量及影响因素研究［J］．玉米科学，2019b，27（2）：120 – 128.

［49］李少昆，张万旭，王克如，等．北疆玉米大田机械粒收质量调查［J］．作物杂志，2018f（5）：127 – 131.

［50］李少昆，张万旭，王克如，等．北疆玉米密植高产宜粒收品种筛选［J］．作物杂志，2018g（4）：62 – 68.

［51］李少昆，赵久然，董树亭，等．中国玉米栽培研究进展与展望［J］．中国农业科学，2017b，50（11）：1941 – 1959.

［52］李轩复，黄东，屈雪，等．不同收获方式对粮食损失的影响——基于全国3251个农户粮食收获的实地调研［J］．自然资源学报，2020，35（5）：1043 – 1054.

［53］李艳军．公益性农技推广的市场化营运：必要性与路径选择［J］．农业技术经济，2004（5）：42 – 45.

［54］林毅夫．小农与经济理性［J］．农村经济与社会，1988（3）：31 – 33.

［55］林毅夫．制度、技术与中国农业的发展［M］．上海：上海三联书店，1992：15.

［56］林毅夫，沈明高．我国农业科技投入选择的探析［J］．农业经济问题，1991（7）：9 – 13.

［57］刘彩华，周艳波，扈立家．农业技术进步与农民决策行为研究［J］．农业技术经济，2000（4）：34 – 36.

［58］刘红云，骆方，张玉，等．因变量为等级变量的中介效应分析［J］．心理学报，2013，45（12）：1431 – 1442.

［59］刘可，齐振宏，杨彩艳，等．邻里效应与农技推广对农户稻虾共养技术采纳的影响分析——互补效应与替代效应［J］．长江流域资源与环境，2020，29（2）：401 – 411.

[60] 刘乐, 张娇, 张崇尚, 等. 经营规模的扩大有助于农户采取环境友好型生产行为吗——以秸秆还田为例 [J]. 农业技术经济, 2017 (5): 17-26.

[61] 刘笑明, 李同升. 农业技术创新扩散的国际经验及国内趋势 [J]. 经济地理, 2006 (6): 931-935+996.

[62] 刘一明. 农业水价激励结构对农户节水认知与行为背离的影响 [J]. 华南农业大学学报 (社会科学版), 2021, 20 (6): 88-97.

[63] 卢华, 陈仪静, 胡浩, 等. 农业社会化服务能促进农户采用亲环境农业技术吗 [J]. 农业技术经济, 2021 (3): 36-49.

[64] 路玉彬, 周振, 张祚本, 等. 改革开放40年农业机械化发展与制度变迁 [J]. 西北农林科技大学学报 (社会科学版), 2018, 18 (6): 18-25.

[65] 罗庆, 李小建. 农户互动网络特征、功能及培育建议 [J]. 经济地理, 2010, 30 (5): 808-813.

[66] 罗屹, 苗海民, 黄东, 等. 农户仓类设施采纳及其对玉米储存数量和损失的影响 [J]. 资源科学, 2020, 42 (9): 1777-1787.

[67] 吕杰, 金雪, 韩晓燕. 农户采纳节水灌溉的经济及技术评价研究——以通辽市玉米生产为例 [J]. 干旱区资源与环境, 2016, 30 (10): 151-157.

[68] 吕杰, 刘浩, 薛莹, 等. 风险规避、社会网络与农户化肥过量施用行为——来自东北三省玉米种植农户的调研数据 [J]. 农业技术经济, 2021 (7): 4-17.

[69] 马九杰, 崔怡, 孔祥智, 等. 水权制度、取用水许可管理与农户节水技术采纳——基于差分模型对水权改革节水效应的实证研究 [J]. 统计研究, 2021, 38 (4): 116-130.

[70] 马千惠, 郑少锋, 陆迁. 社会网络、互联网使用与农户绿色生产技术采纳行为研究——基于708个蔬菜种植户的调查数据 [J]. 干旱区资源与环境, 2022, 36 (3): 16-21+58.

[71] 明博，谢瑞芝，侯鹏，等.2005—2016 年中国玉米种植密度变化分析 [J]. 中国农业科学，2017，50（11）：1960 – 1972.

[72] 彭超，张琛. 农业机械化对农户粮食生产效率的影响 [J]. 华南农业大学学报（社会科学版），2020，19（5）：93 – 102.

[73] 彭继权，吴海涛. 土地流转对农户农业机械使用的影响 [J]. 中国土地科学，2019，33（7）：73 – 80.

[74] 齐琦，周静，王绪龙. 农户风险感知与施药行为的响应关系研究——基于辽宁省菜农数据的实证检验 [J]. 农业技术经济，2020（2）：72 – 82.

[75] 恰亚诺夫. 农民经济组织 [M]. 萧正洪，译. 北京：中央编译出版社，1996：27 – 30.

[76] 西奥多·舒尔茨. 改造传统农业 [M]. 梁小民，译. 北京：商务印书馆，1987：15 – 20.

[77] 詹姆斯·斯科特. 农民的道义经济学：东南亚的反叛与生存 [M]. 上海：译林出版社，2001：25.

[78] 速水佑次郎. 农业发展的国际分析 [M]. 郭熙保，张进铭，译. 中国社会科学出版社，2000：10 – 15.

[79] 孙明扬. 基层农技服务供给模式的变迁与小农的技术获取困境 [J]. 农业经济问题，2021（3）：40 – 52.

[80] 唐林，罗小锋，张俊飚. 购买农业机械服务增加了农户收入吗——基于老龄化视角的检验 [J]. 农业技术经济，2021（1）：46 – 60.

[81] 佟大建，黄武，应瑞瑶. 基层公共农技推广对农户技术采纳的影响——以水稻科技示范为例 [J]. 中国农村观察，2018（4）：59 – 73.

[82] 万凌霄，蔡海龙. 合作社参与对农户测土配方施肥技术采纳影响研究——基于标准化生产视角 [J]. 农业技术经济，2021（3）：63 – 77.

[83] 汪三贵，刘晓展. 信息不完备条件下贫困农民接受新技术行为分析 [J]. 农业经济问题，1996（12）：31 – 36.

[84] 王格玲，陆迁. 社会网络影响农户技术采用倒 U 型关系的检

验——以甘肃省民勤县节水灌溉技术采用为例 [J]．农业技术经济，2015（10）：92 – 106.

[85] 王克如，孔令杰，袁建华，等．江苏沿海地区夏玉米机械粒收质量与品种筛选研究 [J]．玉米科学，2018a，26（5）：110 – 116.

[86] 王克如，李璐璐，高尚，等．中国玉米机械粒收质量主要指标分析 [J]．作物学报，2021，47（12）：2440 – 2449.

[87] 王克如，李少昆．玉米机械粒收破碎率研究进展 [J]．中国农业科学，2017，50（11）：2018 – 2026.

[88] 王克如，刘泽，汪建来，等．皖北地区玉米机械粒收质量及影响因素研究 [J]．玉米科学，2018b，26（5）：123 – 129.

[89] 王欧，唐轲，郑华懋．农业机械对劳动力替代强度和粮食产出的影响 [J]．中国农村经济，2016（12）：46 – 59.

[90] 王全忠，周宏．劳动力要素禀赋、规模经营与农户机械技术选择——来自水稻机插秧技术的实证解释 [J]．南京农业大学学报（社会科学版），2019，19（3）：125 – 137 + 159 – 160.

[91] 王艳红．我国玉米联合收获机技术现状及发展趋势——访中国农业机械化科学研究院收获机械专家曹洪国 [J]．农业机械，2007（13）：42 – 46.

[92] 王永刚，张国海，张恒，等．黄淮海地区夏玉米收获现状分析 [J]．中国农机化学报，2018，39（11）：112 – 115.

[93] 卫龙宝，王恒彦．安全果蔬生产者的生产行为分析——对浙江省嘉兴市无公害生产基地的实证研究 [J]．农业技术经济，2005（6）：4 – 11.

[94] 温忠麟．张雷，侯杰泰，等．中介效应检验程序及其应用 [J]．心理学报，2004（5）：614 – 620.

[95] 温忠麟，叶宝娟．中介效应分析：方法和模型发展 [J]．心理科学进展，2014，22（5）：731 – 745.

[96] 吴比，刘俊杰，徐雪高，等．农户组织化对农民技术采用的影响研究——基于11省1022个农户调查数据的实证分析 [J]．农业技术经

济, 2016 (8): 25-33.

[97] 伍国勇, 张启楠, 张凡凡. 中国粮食生产效率测度及其空间溢出效应 [J]. 经济地理, 2019, 39 (9): 207-212.

[98] 西蒙. 管理行为: 管理组织决策过程的研究 [M]. 杨烁, 等译. 北京: 北京经济学院出版社, 1988: 116-125.

[99] 西蒙. 管理行为 [M]. 詹正茂, 译. 北京: 机械工业出版社, 2007: 35-40.

[100] 熊彼特. 经济发展理论 [M]. 贾拥民, 译. 北京: 中国社会科学出版社, 2009: 135-141.

[101] 熊航, 肖利平. 创新扩散中的同伴效应: 基于农业新品种采纳的案例分析 [J]. 华中农业大学学报 (社会科学版), 2021 (3): 93-106+187-188.

[102] 徐清华, 张广胜. 加入合作社对农户农业新技术采纳行为的影响——基于辽宁省"百村千户"调研的实证分析 [J]. 湖南农业大学学报 (社会科学版), 2022, 23 (1): 26-32+71.

[103] 徐涛, 赵敏娟, 李二辉, 等. 技术认知、补贴政策对农户不同节水技术采用阶段的影响分析 [J]. 资源科学, 2018, 40 (4): 809-817.

[104] 徐田军, 吕天放, 赵久然, 等. 玉米品种京农科728机械粒收质量性状研究 [J]. 作物杂志, 2021 (2): 101-107.

[105] 许朗, 陈杰. 节水灌溉技术采纳行为意愿与应用背离 [J]. 华南农业大学学报 (社会科学版), 2020, 19 (5): 103-114.

[106] 薛彩霞. 农户政治身份对绿色农业生产技术的引领效应 [J]. 西北农林科技大学学报 (社会科学版), 2022, 22 (3): 148-160.

[107] 薛军, 董朋飞, 胡树平, 等. 玉米倒伏对机械粒收损失的影响及倒伏减损收获技术 [J]. 玉米科学, 2020, 28 (6): 116-120+126.

[108] 薛军, 王克如, 王东生, 等. 天津玉米机械粒收初步研究 [J]. 玉米科学, 2019, 27 (1): 118-123.

[109] 阎晓光, 李洪, 董红芬, 等. 山西省春玉米宜机械粒收品种

筛选及影响因素分析 [J]. 核农学报, 2022, 36 (6): 1254 – 1261.

[110] 杨志海. 老龄化、社会网络与农户绿色生产技术采纳行为——来自长江流域六省农户数据的验证 [J]. 中国农村观察, 2018 (4): 44 – 58.

[111] 姚辉, 赵础昊, 高启杰. 农户与农业技术扩散有机衔接的网络路径演变 [J]. 农村经济, 2021 (12): 117 – 125.

[112] 喻永红, 张巨勇, 喻甫斌. 可持续农业技术 (SAT) 采用不足的理论分析 [J]. 经济问题探索, 2006 (2): 67 – 71.

[113] 张复宏, 宋晓丽, 霍明. 苹果种植户采纳测土配方施肥技术的经济效果评价——基于 PSM 及成本效率模型的实证分析 [J]. 农业技术经济, 2021 (4): 59 – 72.

[114] 张晓慧, 李天驹, 陆爽. 电商参与、技术认知对农户绿色生产技术采纳程度的影响 [J]. 西北农林科技大学学报 (社会科学版), 2022, 22 (6): 100 – 109.

[115] 张义祯. 西蒙的“有限理性”理论 [J]. 中共福建省委党校学报, 2000 (8): 27 – 30.

[116] 张振, 高鸣, 苗海民. 农户测土配方施肥技术采纳差异性及其机理 [J]. 西北农林科技大学学报 (社会科学版), 2020, 20 (2): 120 – 128.

[117] 赵明, 李少昆, 董树亭, 等. 美国玉米生产关键技术与中国现代玉米生产发展的思考——赴美国考察报告 [J]. 作物杂志, 2011 (2): 1 – 3.

[118] 郑适, 陈茜苗, 王志刚. 土地规模、合作社加入与植保无人机技术认知及采纳——以吉林省为例 [J]. 农业技术经济, 2018 (6): 92 – 105.

[119] 郑旭媛, 徐志刚. 资源禀赋约束、要素替代与诱致性技术变迁——以中国粮食生产的机械化为例 [J]. 经济学 (季刊), 2017, 16 (1): 45 – 66.

［120］中共中央文献研究室. 毛泽东文集: 第七卷［M］. 北京: 人民出版社, 1999.

［121］《中国农业技术推广体制改革研究》课题组. 中国农技推广: 现状、问题及解决对策［J］. 管理世界, 2004 (5): 50 - 57 + 75.

［122］钟钰. 向高质量发展阶段迈进的农业发展导向［J］. 中州学刊, 2018 (5): 40 - 44.

［123］周曙东, 吴沛良, 赵西华, 等. 市场经济条件下多元化农技推广体系建设［J］. 中国农村经济, 2003 (4): 57 - 62.

［124］朱萌, 齐振宏, 罗丽娜, 等. 基于 Probit - ISM 模型的稻农农业技术采用影响因素分析——以湖北省 320 户稻农为例［J］. 数理统计与管理, 2016, 35 (1): 11 - 23.

［125］朱萌, 齐振宏, 邬兰娅, 等. 新型农业经营主体农业技术需求影响因素的实证分析——以江苏省南部 395 户种稻大户为例［J］. 中国农村观察, 2015 (1): 30 - 38 + 93 - 94.

［126］ABADIE A, et al. Implementing matching estimators for average treatment effects in stata［J］. The Stata Journal, 2004, 4 (3): 290 - 311.

［127］ABDULAI A, BECERRIL J. The impact of improved maize varieties on poverty in Mexico: A propensity score - matching approach［J］. World Development, 2010, 38: 1024 - 1035.

［128］ABLIMIT R, et al. Altering microbial community for improving soil properties and agricultural sustainability during a 10 - year maize - green manure intercropping in Northwest China［J］. Journal of environmental management, 2022, 321: 115859.

［129］AIGNER D, LOVELL C K, SCHMIDT P. Formulation and estimation of stochastic frontier production function models［J］. Journal of Econometrics, 1977, 6 (1): 21 - 37.

［130］AJZEN I. The theory of planned behavior［J］. Organizational Behavior and Human Decision Processes, 1991, 50 (2): 179 - 211.

［131］ALI A, ABDULAI A. The adoption of genetically modified cotton and poverty reduction in Pakistan ［J］. Journal of Agricultural Economics, 2010, 61 (1): 175 – 192.

［132］ALI I, et al. Technical efficiency of hybrid maize growers: A stochastic frontier model approach ［J］. Journal of Integrative Agriculture, 2019, 18 (10): 2408 – 2421.

［133］ARYAL J, et al. Mechanisation of small – scale farms in South Asia: Empirical evidence derived from farm households survey ［J］. Technology in Society, 2021, 65: 101591.

［134］ASFAW S, DI BATTISTA F, LIPPER L. Agricultural technology adoption under climate change in the Sahel: Micro – evidence from Niger ［J］. Journal of African Economies, 2016, 25 (5): 637 – 669.

［135］BANERJEE A, et al. The diffusion of microfinance ［J］. Science, 2013, 341 (6144): 1236498.

［136］BARON R, KENNY D. The moderator – mediator variable distinction in social psychological research: Conceptual, strategic, and statistical considerations ［J］. Journal of Personality and Social Psychology, 1986, 51 (6): 1173 – 1182.

［137］BINSWANGER H P. The measurement of technical change biases with many factors of production ［J］. The American Economic Review, 1974, 64 (6): 964 – 976.

［138］BONFIGLIO A, et al. Effects of redistributing policy support on farmers' technical efficiency ［J］. Agricultural Economics, 2019, 51 (2): 305 – 320.

［139］CALIENDO M, KOPEINIG S. Some practical guidance for the implementation of propensity score matching ［Z］. Discussion Papers of DIW Berlin, 2005, 22 (1): 31 – 72.

［140］CONLEY T G, UDRY C R. Learning about a new technology:

Pineapple in Ghana [J]. American Economic Review, 2010, 100 (1): 35 – 69.

[141] DANSO – ABBEAM G, DAGUNGA G, EHIAKPOR D S. Rural non – farm income diversification: Implications on smallholder farmers' welfare and agricultural technology adoption in Ghana [J]. Heliyon, 2020, 6 (11): e05393.

[142] DAVIS F D. The technology acceptance model for empirically testing new end – user information systems: Theory and results [J]. Ph. d. dissertation Massachusetts Institute of Technology, 1986.

[143] DOSS C R, MORRIS M L. How does gender affect the adoption of agricultural innovations?: The case of improved maize technology in Ghana [J]. Agricultural Economics, 2001, 25 (1): 27 – 39.

[144] FISHBEIN M A, AJZEN I. Belief, attitude, intention and behaviour: An introduction to theory and research [M]. MA: Addison – Wesley, 1975.

[145] FOSTER A D, ROSENZWEIG M R. Learning by doing and learning from others: Human capital and technical change in agriculture [J]. Journal of Political Economy, 1998, 103 (6): 1176 – 1209.

[146] FOSTER A D, ROSENZWEIG M R. Microeconomics of technology adoption [J]. Annual Review of Economics, 2010, 2: 395 – 424.

[147] GAO Y, et al. Adoption behavior of green control techniques by family farms in China: Evidence from 676 family farms in Huang – huai – hai Plain [J]. Crop Protection, 2017, 99: 76 – 84.

[148] GAO Y, ZHENG Z, HENNEBERRY S R. Is nutritional status associated with income growth? Evidence from Chinese adults [J]. China Agricultural Economic Review, 2020, 12 (3): 507 – 525.

[149] GENIUS M, et al. Information transmission in irrigation technology adoption and diffusion: Social learning, extension services, and spatial effects

[J]. American Journal of Agricultural Economics, 2014, 96: 328 – 344.

[150] GIN X, YANG D. Insurance, credit, and technology adoption: Field experimental evidence from Malawi [J]. Journal of Development Economics, 2009, 89 (1): 1 – 11.

[151] GRILICHES Z. Hybrid maize: An exploration in the economics of technological change [J]. Econometrica, 1957, 25 (4): 501 – 522.

[152] HECKMAN J J, ICHIMURA H, TODD P E. Matching as an econometric evaluation estimator [J]. Review of Economic Studies, 1998, (2): 261 – 294.

[153] HECKMAN J J, ICHIMURA H, TODD P E. Matching as an econometric evaluation estimator: Evidence from evaluating a job training programme [J]. The Review of Economic Studies, 1997, 64 (4): 605 – 654.

[154] HENNESSY T, LÄPPLE D, MORAN B. The digital divide in farming: A problem of access or engagement? [J] Applied Economic Perspectives and Policy, 2016, 38 (3): 474 – 491.

[155] HICKS J. The theory of wages [M]. UK, Palgrave: Macmillan London, 1963.

[156] Hill L D, Hurburgh C R, Paulsen M R. Illinois – Iowa moisture meter recalibrations for corn [R]. Urbana: University of Illinois, 1981.

[157] HITZHUSEN T. Total maize harvesting: Machine design and system analysis [D]. Ames, Iowa: Iowa State University of Science and Technology, 1969.

[158] HOLDEN S T, QUIGGIN J. Climate risk and state – contingent technology adoption: Shocks, drought tolerance and preferences [J]. European Review of Agricultural Economics, 2016, 44 (2): 285 – 308.

[159] HOOF H J. Machine and machine operator characteristics associated with maize harvest kernel damage [J]. Agricultural and Food Sciences, 1972.

［160］ HU Y, et al. Farm size and agricultural technology progress: Evidence from China ［J］. Journal of Rural Studies, 2019, 93: 417 – 429.

［161］ HUFFMAN W E. Decision making: The role of education ［J］. American Journal of Agricultural Economics, 1974, 56 （1）: 85 – 97.

［162］ IACOBUCCI D. Mediation analysis and categorical variables: The final frontier ［J］. Journal of Consumer Psychology, 2012, 22 （4）: 582 – 594.

［163］ KAPELKO M, OUDE LANSINK A. Dynamic cost inefficiency of the European Union meat processing firms ［J］. Journal of Agricultural Economics, 2020, 71 （3）: 760 – 777.

［164］ KASSIE M, et al. Measuring farm and market level economic impacts of improved maize production technologies in Ethiopia: Evidence from panel data ［J］. Journal of Agricultural Economics, 2018, 69 （1）: 76 – 95.

［165］ KUMAR A, et al. Adoption and diffusion of improved technologies and production practices in agriculture: Insights from a donor – led intervention in Nepal ［J］. Land Use Policy, 2020, 95: 104621.

［166］ LAMPACH N, TO – THE N, NGUYEN – ANH T. Technical efficiency and the adoption of multiple agricultural technologies in the mountainous areas of Northern Vietnam ［J］. Land Use Policy, 2021, 103: 105289.

［167］ LIN J Y. Prohibition of factor market exchanges and technological choice in Chinese agriculture ［J］. The Journal of Development Studies, 1991, 27 （4）: 1 – 15.

［168］ LIN J Y. Hybrid rice innovation in China: A Study of market – demand induced technological innovation in a centrally – planned economy ［J］. The Review of Economics and Statistics, 1992, 74 （1）: 14 – 20.

［169］ LIU Y, et al. Technical training and rice farmers' adoption of low – carbon management practices: The case of soil testing and formulated fertilization technologies in Hubei, China ［J］. Journal of Cleaner Production, 2019: 226454 – 226462.

［170］Mackinnon D P. An introduction to statistical mediation analysis ［M］. 2008.

［171］MACKINNON D, et al. A comparison of methods to test the mediation and other intervening variable effects ［J］. Psychological Methods, 2002, 7 (1): 83 – 104.

［172］MAERTENS A. Who cares what others think (or do)? Social learning and social pressures in cotton farming in India ［J］. American Journal of Agricultural Economics, 2017, 99 (4): 988 – 1007.

［173］MAERTENS A, BARRETT C B. Measuring social networks' effects on agricultural technology adoption ［J］. American Journal of Agricultural Economics, 2012, 95 (2): 353 – 359.

［174］MANDA J, et al. Adoption and impacts of sustainable agricultural practices on maize yields and incomes: Evidence from rural Zambia ［J］. Journal of Agricultural Economics, 2016, 67 (1): 130 – 153.

［175］MANDA J, et al. Does cooperative membership increase and accelerate agricultural technology adoption? Empirical evidence from Zambia ［J］. Technological Forecasting and Social Change, 2020, 158: 120 – 160.

［176］MANSKI C F. Identification of endogenous social effects: The reflection problem ［J］. The Review of Economic Studies, 1993, 60 (3): 531 – 542.

［177］MASTENBROEK A, SIRUTYTE I, SPARROW R. Information barriers to adoption of agricultural technologies: Willingness to pay for certified seed of an open pollinated maize variety in Northern Uganda ［J］. Journal of Agricultural Economics, 2020, 72: 180 – 201.

［178］NAKANO Y, et al. Is farmer – to – farmer extension effective? The impact of training on technology adoption and rice farming productivity in Tanzania ［J］. World Development, 2018, 105: 336 – 351.

［179］NGANGO J, HONG S. Impacts of land tenure security on yield and technical efficiency of maize farmers in Rwanda [J]. Land Use Policy, 2021, 107: 105488.

[180] PHAM H – G, CHUAH S – H, FEENY S. Factors affecting the adoption of sustainable agricultural practices: Findings from panel data for Vietnam [J]. Ecological Economics, 2021 184: 107000.

[181] POPKIN S. The rational peasant [J]. Theory and Society, 1980, 9 (3): 411 –471.

[182] QU R, et al. Effects of agricultural cooperative society on farmers' technical efficiency: Evidence from stochastic frontier analysis [J]. Sustainability, 2020, 12 (19): 8194.

[183] RICKER – GILBERT J, JONES M. Does storage technology affect adoption of improved maize varieties in Africa? Insights from Malawi's input subsidy program [J]. Food Policy, 2015: 5092 –5105.

[184] ROGERS E M. Diffusion of innovations [M]. 5th Edition. New York: Free Press, 2003.

[185] ROSENBAUM P R. Observational studies [M]. New York: Springer Series in Statistics, 2002.

[186] ROSENBAUM P R, RUBIN D B. The central role of the propensity score in observational studies for causal effects [J]. Biometrika, 1983, 70 (1): 41 –55.

[187] ROSENBAUM P R, RUBIN D B. Constructing a control group using multivariate matched sampling methods that incorporate the propensity score [J]. The American Statistician, 1985, 39 (1): 33 –38.

[188] RUBIN D B. Estimating causal effects of treatments in randomized and nonrandomized studies [J]. Journal of Educational Psychology, 1974, 66 (5): 688 –701.

[189] RUTTAN V W. Research on the economics of technological change in American agriculture [J]. American Journal of Agricultural Economics,

1960，42（4）：735 – 754.

［190］SAMPSON G S, PERRY E D. Peer effects in the diffusion of wa – ter – saving agricultural technologies ［J］. Agricultural Economics, 2019, 50 （6）：693 – 706.

［191］SCHMOOKLER J. Invention and economic growth ［J］. The Economic Journal, 1966, 78 （309）：135 – 136.

［192］SCHULTZ T W. Transforming traditional agriculture：Reply ［J］. Journal of Farm Economics, 1966, 48 （4）：1015 – 1018.

［193］SILVA C D F, et al. Soil microbiological activity and productivity of maize fodder with legumes and manure doses ［J］. Revista Caatinga, 2018, 31 （4）：882 – 890.

［194］SIMS B, HENEY J. Promoting smallholder adoption of conserva – tion agriculture through mechanization services ［J］. Agriculture, 2017, 7 （8）：64.

［195］SKEVAS I, OUDE LANSINK A. Dynamic inefficiency and spatial spillovers in Dutch dairy farming ［J］. Journal of Agricultural Economics, 2020, 71 （3）：742 – 759.

［196］TANUMIHARDJO S A, et al. Maize agro – food systems to ensure food and nutrition security in reference to the Sustainable Development Goals ［J］. Global Food Security, 2020, 25：100327.

［197］TSHIKALA S K, KOSTANDINI G, FONSAH E G. The impact of migration, remittances and public transfers on technology adoption：The case of cereal producers in rural Kenya ［J］. Journal of Agricultural Economics, 2018, 70 （2）：316 – 331.

［198］UNITED N. The sustainable development goals report 2021 ［M］. New York：United Nations Publications, 2021.

［199］VIGANI M, DWYER J. Profitability and efficiency of high nature value marginal farming in England ［J］. Journal of Agricultural Economics,

2019, 71 (2): 439 – 464.

[200] WAELTI H. Physical properties and morphological characteristics of maize and their influence on threshing injury of kernels [J]. Agricultural and Food Sciences, 1967.

[201] WANG Q, JENSEN H H, JOHNSON S R. China's nutrient availability and sources, 1950 – 1991 [J]. Food Policy, 1993, 18 (5): 403 – 413.

[202] Weir S. The effects of education on farmer productivity in rural Ethiopia [Z]. Csae Working Paper, 1999.

[203] XIE R – Z, et al. Current state and suggestions for mechanical harvesting of maize in China [J]. Journal of Integrative Agriculture, 2022, 21 (3): 892 – 897.

[204] YAMANO T, et al. Neighbors follow early adopters under stress: Panel data analysis of submergence – tolerant rice in northern Bangladesh [J]. Agricultural Economics, 2018, 49 (3): 313 – 323.

[205] YANG G A, et al. Social capital, land tenure and the adoption of green control techniques by family farms: Evidence from Shandong and Henan Provinces of China – ScienceDirect [J]. Land Use Policy, 2019, 89: 104250.

[206] YANG J, et al. The rapid rise of cross – regional agricultural mechanization services in China [J]. American Journal of Agricultural Economics, 2013, 95 (5): 1245 – 1251.

[207] YANG L, et al. Development and application of mechanized maize harvesters [J]. International Journal of Agricultural and Biological Engineering, 2016, 9 (3): 15 – 28.

[208] YU L, et al. Risk aversion, cooperative membership and the adoption of green control techniques: Evidence from China [J]. Journal of Cleaner Production, 2020a, 279 (2): 123288.

[209] YU L, et al. Research on the use of digital finance and the adop-

tion of green control techniques by family farms in China ［J］. Technology in Society, 2020b, 62: 101323.

［210］ ZHANG J. China's success in increasing per capita food production ［J］. Journal of Experimental Botany, 2011, 62 （11）: 3707.

［211］ ZHANG T, et al. Adoption behavior of cleaner production techniques to control agricultural non – point source pollution: A case study in the Three Gorges Reservoir Area ［J］. Journal of Cleaner Production, 2019, 223: 897 – 906.

［212］ ZHAO R, et al. Ecological intensification management of maize in northeast China: Agronomic and environmental response ［J］. Agriculture, Ecosystems & Environment, 2016, 224: 123 – 130.

［213］ ZHENG Y, FAN Q, JIA W. How much did internet use promote grain production?: Evidence from a survey of 1242 farmers in 13 provinces in China ［J］. Foods, 2022, 11 （10）: 1389.